中国城市轨道交通协会

2024
中国城市轨道交通工程建设发展报告

● 赵一新　主编

U0253914

中国建筑工业出版社

图书在版编目（CIP）数据

2024中国城市轨道交通工程建设发展报告 / 赵一新
主编 . -- 北京：中国建筑工业出版社，2024.11.
ISBN 978-7-112-30595-7

Ⅰ. U239.5

中国国家版本馆CIP数据核字第2024DC5764号

责任编辑：毕凤鸣
责任校对：李欣慰

2024 中国城市轨道交通工程建设发展报告
赵一新　主编

*

中国建筑工业出版社出版、发行（北京海淀三里河路9号）
各地新华书店、建筑书店经销
华之逸品书装设计制版
建工社（河北）印刷有限公司印刷

*

开本：787毫米×1092毫米　1/16　印张：14½　字数：273千字
2024年11月第一版　　2024年11月第一次印刷
定价：**146.00**元
ISBN 978-7-112-30595-7
（43985）

参编人员名单

主编（课题组长）：赵一新

编委会委员（按章节顺序）

一、综述篇

　　　数据来源：城市轨道交通2023年度统计和分析报告

　　　来源单位：中国城市轨道交通协会

二、标准篇

　　　编写人员：韩慧敏　李国强　贺　旭　吴照章

　　　负责单位：中国城市规划设计研究院

三、质量安全篇

　　　指导单位：住房和城乡建设部科学技术委员会城市轨道交通建设
　　　　　　　　专业委员会

（一）编写人员：张海波

　　　负责单位：青岛市市政公用工程质量安全监督站

（二）编写人员：刘永勤　王　辉　杨　萌

　　　负责单位：北京城建设计发展集团股份有限公司

四、勘测篇

　　　编写人员：黄伏莲　耿长良　陈大勇　郭文远　李泳慧　文菲菲
　　　　　　　　张　磊　刘璐莹　韩守程　刘　健　孙帅印　王晓翠

　　　负责单位：北京城建勘测设计研究院有限责任公司

五、规划篇

编写人员：谢昭瑞　卞长志　李国强　刘乃钰

负责单位：中国城市规划设计研究院

六、设计篇

编写人员：蔡涵哲　郑　翔　陈虹兵　卢小莉　潘　洋　王晓潮
　　　　　陈柏谦　李　平　刘增华

负责单位：广州地铁设计研究院股份有限公司

七、施工篇

编写人员：张　川　王秀志　应伯宣　徐　瑾　忻剑鸣

负责单位：上海申通地铁建设集团有限公司

八、竣工验收篇

（一）编写人员：梁　焘　罗有柱　李丽华　廖禄燊　陈敏捷　陈丹莲

　　　负责单位：广州地铁工程咨询有限公司

（二）编写人员：欧家勇　莫斯均

　　　负责单位：广州地铁建设管理有限公司

九、新技术篇

编写人员：梁粤华　李萧翰　孙　魁　朱奕豪　卢小莉　苏　拓
　　　　　姜越鑫　李子瞳　陈传铭　张晶潇　杨　勇　顾　泽
　　　　　周达聪

负责单位：广州地铁设计研究院股份有限公司

十、上盖物业开发篇

编写人员：石晓伟　杨子锋

负责单位：深圳地铁置业集团有限公司

技术统稿：贺　旭　陈燕申

前言

随着城市化进程的加速和居民出行需求的日益增长，城市轨道交通作为城市公共交通体系的重要组成部分，其重要性日益凸显。城市轨道交通以其高效、便捷、环保的特点，成为缓解城市交通压力、提升城市形象和促进经济发展的重要手段。

近年来，中国城市轨道交通行业取得了显著的发展成就。从最初的地铁建设，到如今地铁、轻轨、有轨电车等多种轨道交通形式的并存，城市轨道交通的覆盖范围不断扩大，运营里程和客运量持续攀升。这不仅为城市居民提供了更加优质的出行服务，也为城市的经济社会发展注入了新的活力。

《2024中国城市轨道交通工程建设发展报告》旨在全面梳理和总结2024年中国城市轨道交通工程建设的现状和发展趋势，深入分析行业发展的政策环境、市场需求、竞争格局以及投资风险与机遇。报告通过采用定性和定量相结合的研究方法，包括文献调研、专家访谈、数据分析等多种手段，以确保报告的准确性和客观性。

本报告由中国城市轨道交通协会工程建设专业委员会组织编制。

本报告包括五个工程阶段：勘测、规划、设计、施工和竣工验收，五个专题篇：行业综述、标准、质量安全、新技术和上盖物业开发。本报告将持续关注和纪录我国城市轨道交通工程建设领域的发展情况，为我国城市轨道交通工程建设的发展贡献力量。

目录

1 综述篇 /001

1.1 概述 /001

1.2 建设情况 /002

1.3 规划情况 /007

2 标准篇 /011

2.1 国家标准及行业标准统计 /011

2.2 国家标准《城市轨道交通分类》GB/T 44413—2024
简介 /017

3 质量安全篇 /023

3.1 青岛地铁班组建设典型经验做法 /023

3.2 城市轨道交通工程周边环境工作制度解读 /028

3.3 智慧城市轨道交通工程建设探索与实践 /036

4 勘测篇 /041

4.1 概述 /041

4.2 典型城市情况 /042

4.3 典型案例 /043

5 规划篇 /055

5.1 概述 /055

5.2 规划统计数据 /056

5.3 年度批复建设规划 /058

5.4 发展与趋势 /060

6 设计篇 /063

6.1 概述 /063

6.2 轨道交通开展物流必要性 /070

6.3 轨道交通开展物流可行性 /073

6.4 轨道交通物流实施方案研究 /079

7 施工篇 /087

7.1 概述 /087

7.2 工法与应用 /088

8 竣工验收篇 /127

8.1 概述 /127

8.2 城市轨道交通工程建设数字工地验收标准研究 /128

8.3 结论与展望 /142

9 新技术篇 /143

9.1 概述 /143

9.2 轨道交通新技术 /149

9.3 总结与讨论 /189

10 上盖物业开发篇 /195

10.1 概述 /195

10.2 政策与标准 /205

10.3 "轨道＋物业"开发模式的典型项目 /209

1 综述篇

1.1 概述

截至2023年底，中国大陆地区（以下文中涉及全国数据均指中国大陆地区，不含港澳台）共有59个城市开通城市轨道交通（以下简称城轨交通）运营线路338条，运营线路总长度11224.54公里。其中，地铁运营线路8543.11公里，占比76.11%；其他制式城轨交通运营线路2681.43公里，占比23.89%。当年运营线路长度净增长866.65公里。

拥有4条及以上运营线路，且换乘站3座及以上的城市27个，占已开通城轨交通运营城市总数的45.76%。2023年全年累计完成客运量294.66亿人次，同比增长52.66%；总进站量为177.28亿人次，同比增长52.09%；总客运周转量为2450.53亿人次公里，同比增长54.67%；与上年同期相比全年客运水平整体提升。

2023年在建线路总长5671.68公里，在建项目的可研批复投资累计43011.21亿元，2023年全年共完成建设投资5214.03亿元，同比下降4.22%，年度完成建设投资总额连续3年回落。全年完成车辆购置投资共计283.72亿元，同比增加12.96%。据可统计的36个城市下一年计划完成投资的数据预计，2024年计划完成投资额合计约4153.59亿元，其中，计划完成车辆购置投资合计约216.18亿元。

截至2023年底，城轨交通线网建设规划在实施的城市共计46个，在实施的建设规划线路总长6118.62公里（扣除统计期末已开通运营线路以及截至统计期末连续3年及以上处于暂停、暂缓状态的项目）；可统计的在实施建设规划项目可研批复总投资额合计为40840.07亿元。2023年当年，共有5个城市的新一轮城轨交通建设规划或建设规划调整方案获批，获批项目中涉及新增线路长度约550公里，新增计划投资额约4500亿元。

2023年，中国城轨交通运营线路规模持续扩大，日均客运量突破8000万人次大关，再创历史新高，悬挂式单轨系统首次投入运营，已投运的城轨交通系统制式达到10种，低运能城轨制式进一步丰富。年度完成建设投资额有所回落，城轨交通建设进入平稳发展期，预计未来两年新投运线路与2023年基本持平，"十四五"末城轨交通投运线路总规模趋近13000公里。

1.2 建设情况

1.2.1 在建规模稳中略降，网络化程度逐渐提升

截至2023年底，中国共有45个城市（部分由地方政府批复的项目未纳入统计）有城轨交通项目在建，在建线路总规模5671.68公里（含个别2023年当年仍有建设投资发生的已运营项目和2023年当年建成投运项目）。

从在建线路的规模来看，共有23个城市的在建城轨交通线路长度超过100公里。其中，青岛、广州2个城市建设规模均超过300公里；成都、北京、杭州、宁波、苏州、南京、济南、上海、重庆、郑州10个城市建设规模均在200公里以上；建设规模在150～200公里之间的有天津、武汉、沈阳、合肥4个城市；建设规模在100～150公里之间的有厦门、石家庄、深圳、西安、长春、无锡、福州7个城市。洛阳、常州、呼和浩特、兰州、芜湖等城市前期获批的城轨交通线路已建成投入运营，本统计期内暂无新项目进入建设期。

从在建线路的敷设方式来看，在5671.68公里的在建城轨交通线路中，地下线4617.33公里，占比81.41%，同比下降2.47个百分点；地面线297.21公里，占比5.24%，同比下降0.71个百分点；高架线757.14公里，占比13.35%，同比增加3.18个百分点。高架线占比有所增加主要来自市域快轨和导轨式胶轮系统线路的增多。

从在建线路的条数来看，2023年在建城轨交通线路共计224条。共有29个城市的在建线路条数在3条及以上，其中，23个城市的在建线路条数为5条及以上，7个城市的在建线路达10条及以上。

从在建线路的车站规模来看，据不完全统计，全国在建线路车站总数共计3313座（按线路累计计算），其中换乘站1112座（按线路累计计算），占比33.56%，同比下降0.30个百分点。

1.2.2 大、中运能系统稳扎稳打，低运能系统蓄势待时

从在建线路的运输能力来看，大运能系统（地铁）4459.67公里，占比

78.63%，同比下降0.89个百分点；中运能系统（轻轨、市域快轨、磁浮交通）885.01公里，占比15.60%，同比下降0.01个百分点，基本持平；低运能系统（有轨电车、悬挂式单轨系统、导轨式胶轮系统、电子导向胶轮系统）326.99公里，占比5.77%，同比增加0.90个百分点。随着新型低运能系统如电子导向胶轮系统、导轨式胶轮系统在各地的落地实施和推广应用，低运能系统占比呈平缓上升趋势。

1.2.3 八种系统制式在建，制式持续多样化发展

从在建线路的系统制式来看，在5671.68公里的在建城轨交通线路中，共涉及8种制式。其中，地铁4459.67公里，占比78.63%，同比下降0.89个百分点；轻轨2.69公里，占比0.05%，同比下降0.07个百分点；市域快轨877.87公里，占比15.48%，同比下降0.02个百分点；磁浮交通4.45公里，占比0.08%，同比增加0.08个百分点；有轨电车189.69公里，占比3.34%，同比下降1.36个百分点；电子导向胶轮系统67.98公里，占比1.20%，同比增加1.20个百分点；导轨式胶轮系统58.82公里，占比1.04%，同比增加1.04个百分点；悬挂式单轨系统10.50公里，占比0.19%，同比增加0.01个百分点。2023年当年无跨座式单轨、自导向轨道系统项目在建。2023年各城市城轨交通在建线路规模的具体数据见表1-1。

1.2.4 完成建设投资超5200亿元，投资规模连续3年下降

据不完全统计（不含部分地方政府批复的项目和个别数据填报不完整的项目资金情况），截至2023年底，中国在建城轨交通线路可研批复投资累计43011.21亿元，初设批复投资累计38415.86亿元。2023年全年共完成城轨交通建设投资5214.03亿元，同比下降4.22%，年度完成建设投资总额连续3年回落。2023年当年完成建设投资约占可研批复总投资的12.12%，占初设批复投资额的13.57%。

2023年城轨交通车辆购置共计679列（不完全统计），全年完成车辆购置投资共计283.72亿元，同比增加12.96%。2023年全年完成车辆购置投资额约占年度完成建设投资总额的5.44%。车辆购置投资额在年度总建设投资额中的占比同比增加0.83个百分点。

2023年共有11个城市全年完成建设投资超过200亿元，11个城市完成建设投资合计3026.33亿元，占全国完成建设投资总额的58.04%。其中杭州全年完成建设投资超过450亿元；成都全年完成建设投资超过350亿元；济南、北京、武汉、广州、天津、重庆、宁波、青岛、苏州9个城市全年完成建设投

2023 年各城市城轨交通在建线路规模统计汇总表

表1-1

序号	城市	线路长度（公里）	各系统制式线路长度（公里）								各敷设方式线路长度（公里）			车站（座）	
			地铁	轻轨	市域快轨	磁浮交通	有轨电车	电子导向胶轮系统	导轨式胶轮系统	悬挂式单轨系统	地下线	地面线	高架线	车站	其中：换乘站
1	北京	288.19	202.87	/	85.32	/	/	/	/	/	260.69	/	27.50	145	82
2	上海	224.54	182.24	/	42.30	/	/	/	/	/	217.95	/	6.59	120	41
3	天津	196.55	183.14	/	13.41	/	/	/	/	/	151.97	4.42	40.16	126	48
4	重庆	222.70	212.21	/	/	/	10.49	/	/	/	198.81	10.49	13.40	65	25
5	广州	302.98	227.28	/	61.30	/	14.40	/	/	/	288.58	14.40	/	164	/
6	深圳	130.96	130.96	/	/	/	/	/	/	/	128.66	0.51	1.79	91	41
7	武汉	186.85	146.63	/	29.72	/	/	/	/	10.50	150.85	1.30	34.70	91	50
8	南京	233.90	178.30	/	55.60	/	/	/	/	/	199.60	4.28	30.02	148	67
9	沈阳	171.88	171.88	/	/	/	/	/	/	/	155.38	/	16.50	120	47
10	长春	120.85	90.16	2.69	28.00	/	/	/	/	/	107.11	12.93	0.81	81	27
11	大连	23.01	23.01	/	/	/	/	/	/	/	23.01	/	/	17	7
12	成都	298.29	180.15	/	97.84	/	20.30	/	/	/	193.13	25.27	79.89	153	75
13	西安	126.16	103.56	/	/	/	/	5.40	17.20	/	81.36	5.40	39.40	89	31
14	哈尔滨	32.18	32.18	/	/	/	/	/	/	/	32.18	/	/	31	8
15	苏州	258.39	251.49	/	/	/	/	6.90	/	/	220.13	10.77	27.49	153	48
16	郑州	202.64	169.21	/	33.43	/	/	/	/	/	194.56	0.32	7.76	120	53
17	昆明	48.36	48.36	/	/	/	/	/	/	/	48.36	/	/	40	14
18	杭州	279.65	279.65	/	/	/	/	/	/	/	267.60	/	12.05	137	63

续表

序号	城市	线路长度(公里)	各系统制式线路长度(公里)								各敷设方式线路长度(公里)			车站(座)	
			地铁	轻轨	市域快轨	磁浮交通	有轨电车	电子导向胶轮系统	导轨式胶轮系统	悬挂式单轨系统	地下线	地面线	高架线	车站	其中:换乘站
19	佛山	93.63	83.80	/	/	/	9.83	/	/	/	75.05	7.98	10.60	48	17
20	长沙	49.17	44.72	/	/	4.45	/	/	/	/	44.97	/	4.20	35	15
21	宁波	278.92	153.47	/	125.45	/	/	/	/	/	176.67	/	102.25	126	46
22	无锡	114.50	57.96	/	56.54	/	/	/	/	/	83.65	0.20	30.65	61	19
23	南昌	31.75	31.75	/	/	/	/	/	/	/	28.30	/	3.45	19	4
24	兰州	9.06	9.06	/	/	/	/	/	/	/	9.06	/	/	9	2
25	青岛	354.29	185.25	/	122.94	/	/	46.10	/	/	262.52	42.13	49.64	212	72
26	福州	110.90	48.50	/	62.40	/	/	/	/	/	94.02	0.60	16.28	52	21
27	东莞	75.29	75.29	/	/	/	/	/	/	/	52.29	2.48	20.52	30	9
28	南宁	72.70	72.70	/	/	/	/	/	/	/	72.70	/	/	57	21
29	合肥	160.61	160.61	/	/	/	/	/	/	/	128.79	0.31	31.51	89	23
30	石家庄	138.36	138.36	/	/	/	/	/	/	/	138.36	/	/	109	27
31	济南	229.91	164.21	/	/	/	35.00	/	30.70	/	139.53	35.00	55.38	169	28
32	太原	28.58	28.58	/	/	/	/	/	/	/	28.58	/	/	24	7
33	贵阳	84.27	73.35	/	/	/	/	/	10.92	/	64.31	10.92	9.04	55	11
34	乌鲁木齐	19.35	19.35	/	/	/	/	/	/	/	19.35	/	/	16	4
35	厦门	138.89	138.89	/	/	/	/	/	/	/	109.20	2.13	27.56	74	27
36	徐州	55.61	55.61	/	/	/	/	/	/	/	55.61	/	/	41	16

续表

序号	城市	线路长度（公里）	各系统制式线路长度（公里）								各敷设方式线路长度（公里）			车站（座）	
			地铁	轻轨	市域快轨	磁浮交通	有轨电车	电子导向胶轮系统	导轨式胶轮系统	悬挂式单轨系统	地下线	地面线	高架线	车站	其中：换乘站
37	温州	63.63	／	／	63.63	／	／	／	／	／	9.51	1.51	52.61	20	2
38	南通	60.03	60.03	／	／	／	／	／	／	／	60.03	／	／	45	4
39	绍兴	44.90	44.90	／	／	／	／	／	／	／	44.90	／	／	32	9
40	文山州	7.14	／	／	／	／	7.14	／	／	／	／	7.14	／	7	／
41	德宏州	35.50	／	／	／	／	35.50	／	／	／	／	35.50	／	39	／
42	海西州	15.00	／	／	／	／	15.00	／	／	／	／	15.00	／	20	／
43	天水	21.53	／	／	／	／	21.53	／	／	／	／	16.14	5.39	19	1
44	丽江	20.50	／	／	／	／	20.50	／	／	／	／	20.50	／	5	／
45	宜宾	9.58	／	／	／	／	／	9.58	／	／	／	9.58	／	9	／
	总计	5671.68	4459.67	2.69	877.88	4.45	189.69	67.98	58.82	10.50	4617.33	297.21	757.14	3313	1112

注：1.表中第1～39项为国家发展改革委审批项目，1～39项中磁浮项目、导轨式胶轮系统、电子导向胶轮系统和悬挂式单轨系统项目及第40项及以后所有项目均为地方政府审批项目。经国家发展改革委审批的在建项目规模总计5340.23公里，占比94.16%，由地方政府审批的在建项目规模总计331.44公里，占比5.84%。

2.表中车站总数及换乘站数量均按照线路累计计入。

3.表中含部分2023年当年仍有建设进展和投资发生的当年新投运项目和既有运营项目。

4.所有建设规划项目均在2023年以前完成的如呼和浩特、芜湖、洛阳、常州等城市不再列入。

5.景区内旅游观光线、工业园区内仅供员工使用的内部勘线、科研试验线等不承担城市公共交通职能的线路不计入。

6.截至2023年底，个别连续3年及以上暂停、暂缓、无进展的项目不计入。

7.2023年无跨座式单轨、自导向轨道系统两种制式在建。

资均超过200亿元；南京、郑州、西安、上海4个城市全年完成建设投资超过150亿元；合肥、深圳、长春、沈阳、长沙、福州6个城市全年完成建设投资均超过100亿元。

2024年36个可统计城市的计划完成投资额约4153.59亿元，其中，预计车辆购置投资约216.18亿元，2024年车辆购置计划投资额约占年度计划完成投资总额的5.20%。

1.2.5 近10年在建线路规模及完成投资逐年攀升后趋稳回落

基于近10年的年度在建线路规模和完成投资统计数据显示，全国城轨交通年度完成建设投资额从2014年起稳步上升，2020年达到最大后逐年回落。10年累计完成建设投资共计49423.50亿元。2014—2023年历年在建线路规模及年度完成建设投资情况见图1-1。

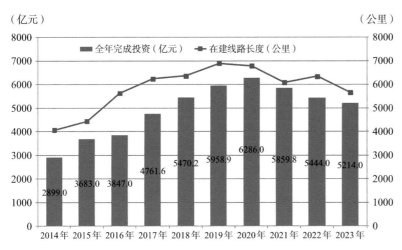

图1-1 2014—2023年历年在建线路规模及年度完成建设投资情况

1.3 规划情况

1.3.1 在实施建设规划总规模持续回落，部分城市建设规划已完成

截至2023年底，扣除统计期末已建成投运及建设规划已调整的项目后，仍有城轨交通建设规划项目在实施的城市共计46个（含部分地方政府批复城市）。在实施的建设规划线路总长6118.62公里，与2022年末相比下降8.34个百分点。部分城市前期已获批复的城轨交通建设规划中所有项目已建成投运，如呼和浩特、洛阳、常州、芜湖等城市。

从在实施的建设规划线路的规模来看，共计25个城市建设规划在实施规模超100公里。其中，重庆、北京2个城市在实施规划线路长度均超过400公里；广州市在实施规划线路长度超过300公里；深圳、宁波、天津、上海、成都、青岛、济南、苏州、武汉、南京10个城市在实施规划线路长度均超200公里；厦门、无锡2个城市在实施规划线路长度均超150公里；南通、沈阳、杭州、西安、郑州、合肥、佛山、长春、福州、南宁10个城市在实施规划线路长度在100～150公里之间。

从在实施的建设规划线路的敷设方式来看，已批可研项目中地下线占比76.69%，同比下降1.79个百分点；地面线占比8.23%，同比增加0.73个百分点；高架线占比15.08%，同比增加1.06个百分点。随着市域快轨、新型低运能系统线路的增多，城轨交通总体敷设方式呈地下线占比略降，地面线和高架线占比均有所上升的趋势。

从在实施的建设规划线路的条数来看，扣除统计期末已开通运营的线路，2023年规划在实施的城轨交通线路共计254条。共计31个城市有3条及以上的线路建设规划在实施，其中，23个城市有5条及以上的线路建设规划在实施，8个城市有10条及以上线路建设规划在实施。

1.3.2 大、中运能系统仍占主流，新型低运能系统多点布局

从在实施建设规划线路的系统制式来看，6118.62公里的在实施建设规划线路包含地铁、轻轨、市域快轨、磁浮交通、有轨电车、导轨式胶轮系统、电子导向胶轮系统7种制式。其中，地铁4209.11公里，占比68.79%，同比增加2.77个百分点；轻轨36.59公里，占比0.60%，同比增加0.48个百分点；市域快轨1468.44公里，占比24%，同比下降4.37个百分点；磁浮交通4.45公里，占比0.079%，同比增加0.10个百分点；有轨电车228.73公里，占比3.74%，同比下降1.14个百分点；导轨式胶轮系统91.42公里，占比1.49%，同比增加1个百分点；电子导向胶轮系统79.88公里，占比1.31%，同比增加1.31个百分点。2023年在实施建设规划项目中无跨座式单轨、自导向轨道系统、悬挂式单轨系统制式。

从在实施建设规划项目的运输能力来看，大运能系统（地铁）4209.11公里，占比68.79%，同比增加2.77个百分点；中运能系统（含轻轨、市域快轨、磁浮交通）1509.48公里，占比24.67%，同比下降3.79个百分点；低运能系统（含有轨电车、导轨式胶轮系统、电子导向胶轮系统）400.03公里，占比6.54%，同比增加1.01个百分点。导轨式胶轮系统、电子导向胶轮系统作为新型低运能系统在数个城市布局应用。

1.3.3 可研批复总投资同比持平，超大城市投资持续保持高位

截至2023年底，在国家发展改革委批复的44个城市的城轨交通建设规划中，呼和浩特、常州、洛阳、芜湖4个城市2023年前获批项目已全部建成投运；其余40个城市中扣除暂缓状态的项目后，可统计的城轨交通建设规划在实施项目可研批复总投资额约为40840.07亿元，同比下降2.04%。

从可研批复总投资规模来看，共计17个城市的建设规划在实施项目的可研批复总投资均超过1000亿元。其中，广州市建设规划在实施项目的可研批复总投资超过4000亿元；上海、北京、深圳3个城市建设规划在实施项目的可研批复总投资均在2000亿元以上。北上广深4个城市总投资超12000亿元，占全国建设规划在实施项目可研批复总投资额的29.89%，4个城市的城轨交通投资计划持续保持高位。

南京、青岛、天津、重庆、宁波、成都6个城市建设规划在实施项目的可研批复总投资均超过1500亿元；济南、武汉、杭州、苏州、厦门、郑州、无锡7个城市建设规划在实施项目的可研批复总投资均超过1000亿元；长春、沈阳、合肥、西安、福州、徐州、石家庄、乌鲁木齐8个城市建设规划在实施项目的可研批复总投资均超过500亿元。中心城市的城轨交通投资计划持续发力。

1.3.4 五市建设规划获批，新增总投资额约4500亿元

2023年当年，据不完全统计，有5个城市新一轮城轨交通建设规划或建设规划调整方案获批。获批项目中共涉及新增建设规划线路长度约550公里，新增项目计划总投资额约4500亿元，同比增加超30%。

1.3.5 重点城市带动发展，区域效应显现

统计期末，按照行政区划，综合各地已开通运营、在建和规划在实施的城轨交通情况来看，全国已开通城轨交通运营的省（直辖市）共有28个，有城轨交通项目在建和规划在实施的省份各为27个。

总体上，长三角、珠三角区域城轨交通发展较快。从省内开通运营城市数来看，江苏省已开通运营城市最多，为8个，在建及规划在实施城市均为4个，运营线路长度1097.72公里，运营系统制式4种，在建线路长度722.43公里，规划在实施线路长度811.73公里，在建和规划在实施系统制式均为3种，呈现出城市多、制式全、规模大等特点。浙江省紧随其后，已开通运营城市7个，在建城市4个，规划在实施城市5个，运营线路长度1085.36公里，运营

系统制式3种，在建线路长度667.09公里，在建系统制式2种，规划在实施线路长度553.40公里，规划在实施系统制式3种。

从省内运营线路长度来看，广东省已开通运营线路长度最长，为1390.95公里，运营城市5个，运营系统制式5种，在建和规划在实施城市数均为4个，在建线路长度602.86公里，规划在实施线路长度801.12公里，在建和规划在实施系统制式均为3种。中西部省份中，以四川省较为突出，四川省内城轨交通运营城市2个，运营线路长度764.01公里，运营系统制式4种，在建城市和规划在实施城市均为2个，在建线路长度307.87公里，在建系统制式4种，规划在实施线路长度256.30公里，规划在实施系统制式4种。

在4个直辖市中，北京、上海2个城市线网均已超900公里，运能结构和系统制式种类丰富，尤其是上海，已运营系统制式达到6种，居全国首位，运能结构含大、中、低3类。上海、北京2个城市在建和规划在实施规模从单一城市来看，仍位于全国前列。重庆作为中部重点城市，近年来也迎来了城轨交通快速发展期，已开通运营线路长度538.20公里，运营系统制式4种，在建线路长度222.70公里，规划在实施线路长度463.88公里，在建及规划在实施系统制式均为4种。

2 标准篇

2.1 国家标准及行业标准统计

截至2024年10月。现行城市轨道交通工程建设国家标准27项、行业标准31项，在编标准14项；现行城市轨道交通产品国家标准31项、行业标准35项，在编标准28项（表2-1～表2-4）。

现行工程建设标准一览表　　　　　　表2-1

序号	标准名称	标准编号	备注
1	城市轨道交通工程项目规范	GB 55033—2022	全文强制
2	盾构法隧道施工与验收规范	GB 50446—2017	
3	跨座式单轨交通设计标准	GB/T 50458—2022	
4	跨座式单轨交通施工及验收规范	GB 50614—2010	
5	城市轨道交通地下工程建设风险管理规范	GB 50652—2011	
6	地铁工程施工安全评价标准	GB 50715—2011	
7	城市轨道交通建设项目管理规范	GB 50722—2011	
8	城市轨道交通工程安全控制技术规范	GB/T 50839—2013	
9	城市轨道交通工程监测技术规范	GB 50911—2013	修订中
10	地铁设计规范	GB 50157—2013	修订中
11	城市轨道交通结构抗震设计规范	GB 50909—2014	修订中
12	城市轨道交通公共安全防范系统工程技术规范	GB 51151—2016	
13	城市轨道交通客流预测规范	GB/T 51150—2016	
14	城市轨道交通通信工程质量验收规范	GB 50382—2016	
15	城市轨道交通无线局域网宽带工程技术规范	GB/T 51211—2016	
16	城市轨道交通工程测量规范	GB/T 50308—2017	修订中

续表

序号	标准名称	标准编号	备注
17	城市轨道交通桥梁设计规范	GB/T 51234—2017	
18	轻轨交通设计标准	GB/T 51263—2017	
19	城市轨道交通综合监控系统工程技术标准	GB/T 50636—2018	
20	城市轨道交通信号工程施工质量验收标准	GB/T 50578—2018	
21	城市轨道交通自动售检票系统工程质量验收标准	GB/T 50381—2018	
22	地铁设计防火标准	GB 51298—2018	
23	地下铁道工程施工标准	GB/T 51310—2018	
24	地下铁道工程施工质量验收标准	GB/T 50299—2018	
25	城市轨道交通给水排水系统技术标准	GB/T 51293—2018	
26	城市轨道交通通风空气调节与供暖设计标准	GB/T 51357—2019	
27	盾构隧道工程设计标准	GB/T 51438—2021	
28	城市轨道交通自动售检票系统检测技术规程	CJJ/T 162—2011	
29	盾构隧道管片质量检测技术标准	CJJ/T 164—2011	
30	城市轨道交通直线电机牵引系统设计规范	CJJ 167—2012	
31	城市轨道交通工程档案整理标准	CJJ/T 180—2012	
32	城市轨道交通站台屏蔽门系统技术规范	CJJ 183—2012	修订中
33	浮置板轨道技术规范	CJJ/T 191—2012	
34	盾构可切削混凝土配筋技术规程	CJJ/T 192—2012	
35	城市轨道交通接触轨供电系统技术规范	CJJ/T 198—2013	
36	直线电机轨道交通施工及验收规范	CJJ 201—2013	
37	城市轨道交通结构安全保护技术规范	CJJ/T 202—2013	
38	盾构法开仓及气压作业技术规范	CJJ 217—2014	修订中
39	中低速磁浮交通供电技术规范	CJJ/T 256—2016	
40	城市轨道交通梯形轨枕轨道工程施工质量验收规范	CJJ 266—2017	
41	中低速磁悬浮交通运行控制技术规范	CJJ/T 255—2017	
42	中低速磁浮交通设计规范	CJJ/T 262—2017	
43	城市轨道交通工程远程监控系统技术标准	CJJ/T 278—2017	
44	自动导向轨道交通设计标准	CJJ/T 277—2018	
45	地铁限界标准	CJJ/T 96—2018	
46	城市轨道交通隧道结构养护技术规范	CJJ/T 289—2018	
47	城市轨道交通架空接触网技术规范	CJJ/T 288—2018	
48	城市轨道交通预应力混凝土节段预制桥梁技术标准	CJJ/T 293—2019	
49	城市有轨电车工程设计标准	CJJ/T 295—2019	
50	地铁快线设计标准	CJJ/T 298—2019	

序号	标准名称	标准编号	备注
51	城市轨道交通高架结构设计荷载标准	CJJ/T 301—2020	
52	中低速磁浮交通工程施工及验收标准	CJJ/T 303—2020	
53	地铁杂散电流腐蚀防护技术标准	CJJ/T 49—2020	
54	跨座式单轨交通限界标准	CJJ/T 305—2020	
55	城市轨道交通车辆基地工程技术标准	CJJ/T 306—2020	
56	直线电机轨道交通限界标准	CJJ/T 309—2020	
57	高速磁浮交通设计标准	CJJ/T 310—2021	
58	市域快速轨道交通设计标准	CJJ/T 314—2022	

（共58项，国标27项，行标31项，截至2024年10月）

在编工程建设标准一览表 表2-2

序号	标准名称	标准类别
1	城市轨道交通防水工程施工与质量验收规范	国标
2	城市轨道交通隧道工程施工与质量验收规范	国标
3	地铁设计规范	国标
4	城市轨道交通工程施工自动化监测技术标准	国标
5	城市轨道交通结构抗震设计规范	国标
6	城市轨道交通工程测量规范	国标
7	城市轨道交通工程监测技术规范	国标
8	城市轨道交通通信工程质量验收标准	国标
9	盾构法隧道施工及质量验收标准	国标
10	城市综合管廊与轨道交通共建工程技术标准	国标
11	悬挂式单轨交通技术标准	行标
12	城市轨道交通防灾与报警系统技术规范	行标
13	城市轨道交通站台屏蔽门系统技术规范	行标
14	盾构法开仓及气压作业技术规范	行标

（共14项，国标10项，行标4项，截至2024年10月）

现行产品标准一览表 表2-3

序号	标准名称	标准编号	备注
1	城市公共交通标志 地下铁道标志	GB/T 5845.5—1986	修订中
2	地铁车辆通用技术条件	GB/T 7928—2003	修订中
3	城市轨道交通信号系统通用技术条件	GB/T 12758—2023	
4	城市轨道交通车辆组装后的检查与试验规则	GB/T 14894—2005	修订中

续表

序号	标准名称	标准编号	备注
5	城市轨道交通直流牵引供电系统	GB/T 10411—2005	
6	城市轨道交通车站站台声学要求和测量方法	GB/T 14227—2024	即将实施 2025-04-01
7	城市轨道交通自动售检票系统技术条件	GB/T 20907—2024	即将实施 2025-04-01
8	城市轨道交通接触网检测车通用技术条件	GB/T 20908—2007	
9	城市轨道交通照明	GB/T 16275—2008	
10	城市轨道交通客运服务标志	GB/T 18574—2008	修订中
11	城市轨道交通内燃调车机通用技术条件	GB/T 23430—2009	
12	城市轻轨交通铰接车辆通用技术条件	GB/T 23431—2009	
13	城市轨道交通安全防范系统技术要求	GB/T 26718—2011	修订中
14	城市轨道车辆客室侧门	GB/T 30489—2024	修订中
15	城市轨道交通直线电机车辆通用技术条件	GB/T 32383—2020	
16	城市轨道交道通机电设备节能要求	GB/T 35553—2017	
17	城市轨道交通用电综合评定指标	GB/T 35554—2017	
18	城市轨道交通能源消耗与排放指标评价方法	GB/T 37420—2019	
19	城市轨道交通再生制动能量吸收逆变装置	GB/T 37423—2019	
20	跨座式单轨交通单开道岔	GB/T 37531—2019	
21	城市轨道交通市域快线120 km/h～160 km/h车辆通用技术条件	GB/T 37532—2019	
22	城市轨道交通安全防范通信协议与接口	GB/T 38311—2019	
23	城市轨道交通无砟轨道技术条件	GB/T 38695—2020	
24	城市轨道交通车辆永磁直驱转向架通用技术 条件	GB/T 39425—2020	
25	城市轨道交通永磁直驱车辆通用技术条件	GB/T 39426—2020	
26	城市轨道交通中低速磁浮车辆悬浮控制系统技术条件	GB/T 39902—2021	
27	城市轨道交通六轴铰接转向架轻轨车辆通用技术条件	GB/T 40075—2021	
28	城市地铁与综合管廊用热轧槽道	GB/T 41217—2021	
29	城市轨道交通车辆 空调系统	GB/T 44288—2024	即将实施 2024-12-01
30	城市轨道交通分类	GB/T 44413—2024	即将实施 2024-12-01
31	城市轨道交通车辆耐撞性要求及验证	GB/T 44511—2024	即将实施 2025-04-01
32	城市公共交通主要经济技术指标综合统计报表 地铁	CJ/T 3046.4—1995	
33	城市公共交通经济技术指标计算方法 地铁	CJ/T 8—1999	
34	城市轨道交通站台屏蔽门	CJ/T 236—2022	

续表

序号	标准名称	标准编号	备注
35	Φ5.5m～Φ7m土压平衡盾构机（软土）	CJ/T 284—2008	
36	城市轨道交通浮置板橡胶隔振器	CJ/T 285—2008	
37	城市轨道交通轨道橡胶减振器	CJ/T 286—2008	
38	跨座式单轨交通车辆通用技术条件	CJ/T 287—2008	
39	城市轨道交通直线感应牵引电机技术条件	CJ/T 311—2009	
40	城市轨道交通车辆贯通道技术条件	CJ/T 353—2010	修订中
41	城市轨道交通车辆空调、采暖及通风装置技术条件	CJ/T 354—2010	
42	自导向轮胎式车辆通用技术条件	CJ/T 366—2011	
43	高速磁浮交通车辆通用技术条件	CJ/T 367—2011	
44	中低速磁浮交通车辆通用技术条件	CJ/T 375—2011	
45	地铁与轻轨车辆转向架技术条件	CJ/T 365—2011	
46	城市轨道交通直流牵引供电整流机组技术条件	CJ/T 370—2011	
47	城市轨道交通设备房标识	CJ/T 387—2012	
48	聚氨酯泡沫合成轨枕	CJ/T 399—2012	
49	梯形轨枕技术条件	CJ/T 401—2012	
50	城市轨道交通基于通信的列车自动控制系统技术要求	CJ/T 407—2012	
51	中低速磁浮交通车辆电气系统技术条件	CJ/T 411—2012	
52	中低速磁浮交通道岔系统设备技术条件	CJ/T 412—2012	
53	中低速磁浮交通轨排通用技术条件	CJ/T 413—2012	
54	城市轨道交通钢铝复合导电轨技术要求	CJ/T 414—2012	
55	城市轨道交通车辆防火要求	CJ/T 416—2012	
56	低地板有轨电车车辆通用技术条件	CJ/T 417—2022	
57	泥水平衡盾构机	CJ/T 446—2014	
58	地铁隧道防淹门	CJ/T 453—2014	
59	中低速磁浮交通车辆悬浮控制系统技术条件	CJ/T 458—2014	
60	城市轨道交通桥梁盆式支座	CJ/T 464—2014	
61	城市轨道交通桥梁球型钢支座	CJ/T 482—2015	
62	城市轨道交通桥梁伸缩装置	CJ/T 497—2016	
63	城市轨道交通车地实时视频传输系统	CJ/T 500—2016	
64	城市轨道交通车辆车体技术条件	CJ/T 533—2018	
65	有轨电车信号系统通用技术条件	CJ/T 539—2019	
66	城市轨道交通计轴设备技术条件	CJ/T 543—2022	

（共66项，国标31项，行标35项，截至2024年10月）

在编产品标准一览表 表2-4

序号	标准名称	标准类别
1	城市轨道交通安全防范系统技术要求	国标
2	城市轨道交通车辆组装后的检查与试验规则	国标
3	地铁车辆通用技术条件	国标
4	城市轨道交通标志	国标
5	城市轨道交通车载能耗计量装置技术要求	国标
6	城市轨道交通车辆 电空制动系统	国标
7	城市轨道交通车辆转向架通用技术条件	国标
8	城市轨道交通车站通风空调节能控制系统通用技术条件	国标
9	城市轨道交通照明	国标
10	城市轨道交通全自动运行系统通用技术条件	国标
11	中低速磁浮交通轨排通用技术条件	国标
12	城市轨道交通直流牵引供电系统	国标
13	城市轨道交通 中低速磁浮交通车辆通用技术条件	国标
14	城市轨道交通网络信息系统安全基本要求	国标
15	城市轨道交通系统适老化基本设备与设施配置通用技术要求	国标
16	城市轨道交通道岔通用技术条件	国标
17	城市轨道交通车辆用降噪环技术要求	国标
18	城市轨道交通站台屏蔽门系统	国标
19	城市轨道交通车载信号设备与车辆接口技术条件	国标
20	城市轨道交通基于通信的列车运行控制系统技术要求	国标
21	城市轨道交通车辆贯通道技术条件	行标
22	城市轨道交通钢铝复合导电轨技术要求	行标
23	自导向轮胎式车辆通用技术条件	行标
24	城市轨道交通直线感应牵引电机技术条件	行标
25	城市轨道交通直流牵引供电整流机组技术条件	行标
26	Φ5.5m～Φ7m土压平衡盾构机（软土）	行标
27	城市轨道交通浮置板橡胶隔振器	行标
28	城市轨道交通轨道橡胶减振器	行标

（共28项，国标20项，行标8项，截至2024年10月）

2.2 国家标准《城市轨道交通分类》GB/T 44413—2024简介

2024年8月23日，国家市场监督管理总局、国家标准化管理委员会联合发布公告，批准发布了335项国家标准。由住房城乡建设部指导，全国城市轨道交通标准化技术委员会归口管理，中国城市规划设计研究院主编的国家标准《城市轨道交通分类》GB/T 44413—2024（简称《分类》）批准发布，自2024年12月1日起实施。

2.2.1 标准制定背景

《分类》发布前，行业使用的分类标准是《城市公共交通分类标准》CJJ/T 114—2007，城市轨道交通作为"城市公共交通"的一大分类，其界定的分类方法和分类方式已无法满足行业要求。

国际上，西方发达国家有相对成熟的分类方法值得借鉴参考，如欧盟、日本、美国的分类标准等，这些方法中有针对技术特征（线路形式、系统制式）分类的，有针对运营服务特征（运能、服务范围）分类的，也有结合技术、运营服务特征综合分类的。

我国城市轨道交通规划建设和运营管理体制与国外有较大的区别，国际上现行的分类标准不能满足我国城市轨道交通行业发展的需要，但可以吸收相关分类理念加以优化改进，使之适合我国国情。此外，在"一带一路"倡议下，我国城市轨道交通装备作为先进制造业的代表，正在走向国际市场，需要适应性更好的分类标准作为支撑、保障。

2.2.2 标准工作过程

作为城市轨道交通行业的基础标准，《分类》编制计划于2021年12月下达，住房城乡建设部作为行业主管部门全程指导，在各关键环节听取工作报告，提出意见建议。标准编制期间，由中国城市规划设计研究院副总工程师赵一新领衔的编制组与国家发展改革委、交通运输部、工业和信息化部、公安部等部委和有关部门多次开展会议研讨，在国家市场监督管理总局、各部委和有关部门的大力支持和共同努力下，高质量完成了编制任务。

2.2.3 标准主要内容

《分类》借鉴了国际主流城市轨道交通分类方法，并结合我国城市轨道交通发展情况，规定了城市轨道交通的分类原则、方法与属性，适用于城市轨道交通的规划、建设、运营，以及产品的全生命周期。《分类》的章节目录见表2-5：

《分类》章节目录 表2-5

章　名	节　名
1 范围	
2 规范性引用文件	
3 术语和定义	
4 分类原则	
5 分类	5.1 系统制式
	5.2 服务层次
	5.3 运输能力
	5.4 走行方式
	5.5 分类属性及技术特征

2.2.4 分类原则

《分类》要求坚持一致性和可操作性原则。受年代和认识水平限制，现行分类标准不同程度地存在分类依据不一致和可操作性不强的问题。例如，CJJ/T 114—2007中小类的分类方法，地铁的小类是以车辆制式作为划分依据的，但是单轨的小类则是以系统制式作为划分依据的。可操作性不强是指有些分类标准仅仅给出了划分依据，并没有对各制式做出明确分类，这导致标准失去效用。在执行的时候各方根据自己的理解来进行分类，产生了认知和执行上的混乱。

《分类》明确了最小颗粒度，在系统制式的基础上，并基于城市轨道交通的规划、建设、运营，以及产品的全生命周期需要，从服务层次、运输能力和走行方式3个维度分类。

2.2.5 分类方法

《分类》首先确定了分类对象为具体的系统制式，主要目的是引导轨道交通产业发展方向，实现所列制式的装备自主可控，配置经济合理。系统制式定义为具有完整技术体系的标准化城市轨道交通产品集成，且车辆、轨道、供电、通信、信号和土建工程等核心组成部分具有典型的技术经济特征。要求不同系统制式间是可以明确区分的，即核心组成部分应有独立的特征。

根据系统制式的定义，承接CJJ/T 114—2007的分类对象，基于我国现有的城市轨道交通特征，统筹行业共识，明确10种系统制式，分别为地铁系统、轻轨系统、跨座式单轨系统、悬挂式单轨系统、自动导向轨道系统、有轨电车系统、导轨式胶轮电车系统、中低速磁浮系统、市域快速轨道系统、高速磁浮系统。系统制式集合可以随着行业发展和认识提升进行相应调整，《分类》与《城市轨道交通工程项目规范》GB 55033—2022和《城市轨道交通工程基本术语标准》GB/T 50833—2012在系统制式的内容上有区别，即是进行了优化调整。

《城市轨道交通工程项目规范》GB 55033—2022采用了《城市轨道交通工程基本术语标准》GB/T 50833—2012的内容。GB/T 50833—2012中的系统制式为地铁、轻轨、单轨、有轨电车、磁浮、自动导向轨道、市域快速轨道系统。其中，单轨分为跨座式单轨和悬挂式单轨，磁浮分为高速磁浮和中低速磁浮，相关系统技术特征不同，且均有实践应用和现行标准支撑；导轨式胶轮有轨电车系统是近年发展兴起的系统制式，在深圳、重庆、长沙等地有具体的应用实践。

《分类》规定了3个分类要素，分别是服务层次、运输能力和走行方式，目的是通过综合考虑城市轨道交通规划、建设、运营各个阶段关键需求和制约因素，引导地方政府在规划建设阶段选择最恰当的系统制式，以改进目前建设中出现的客流普遍不足问题。

2.2.5.1　根据服务层次分类的方法及依据

2021年3月，《中华人民共和国国民经济和社会发展第十四个五年规划和2035年远景目标纲要》提出，坚持走中国特色新型城镇化道路，深入推进以人为核心的新型城镇化战略，以城市群、都市圈为依托促进大中小城市和小城镇协调联动、特色化发展，使更多人民群众享有更高品质的城市生活。为了适应和服务城市形态由独立的单个城市发展，向都市圈、大中小城市协调发展，以及城市内部组团式发展等的新形态变化，城市轨道交通的系统制式有了新的发展，城市轨道交通的规划建设工作亟须明确各系统制式适用的空间范围。

在市域或都市通勤圈的不同空间范围内，城区外围区域居民的出行距离和出行目的的构成等出行特征与城区居民的出行特征通常差异较大，城市轨道交通的服务对象、服务功能及服务水平要求（如列车速度、车厢内座位数和立席密度）也会存在明显不同。因此按服务层次分为城区轨道交通和市域或都市圈轨道交通。

城区轨道交通主要服务于城市城区范围内部的通勤（学）、公务、购物、餐饮、文体娱乐等多种出行目的的客流需求，线路正线主要位于城区范围。由于其服务的空间范围相对较小，居民的出行距离相对较短，客流集散点分布相对较密，站间距相对较短，实际的旅行速度不需要太高，通常在40公里/小时左右即可，城区轨道快线也不应超过60公里/小时，所以城区轨道交通系统普通线路的最高设计速度通常不超过80公里/小时，城区轨道交通系统快线的最高设计速度可考虑采用100公里/小时和120公里/小时。

市域或都市圈轨道交通主要服务于市域或都市通勤圈外围地区与中心城市城区之间的公务、通勤等出行目的的客流需求。由于其服务的空间范围相对较大，可以涉及两个或多个行政区，居民的出行距离相对城区较长，客流集散点分布相对较分散，站间距相对较长，旅行速度应大于60公里/小时，所以城区以外区域轨道交通系统的最高设计速度一般高于城区轨道交通系统，不应小于100公里/小时，但鉴于市域或都市通勤圈范围内通勤距离有限，且列车起停比较频繁，高速轨道交通系统难以充分发挥其速度性能，因此，市域或都市圈轨道交通的最高设计速度一般可采用100公里/小时、120公里/小时、140公里/小时和160公里/小时。

2.2.5.2 根据运输能力分类的方法及依据

根据《国务院办公厅关于进一步加强城市轨道交通规划建设管理的意见》（国办发〔2018〕52号）规定，"拟建地铁、轻轨线路初期客运强度分别不低于每日每公里0.7万人次、0.4万人次，远期客流规模分别达到单向高峰小时3万人次以上、1万人次以上"。该文件对地铁、轻轨线路应当达到的远期单向高峰小时客流规模进行了规定，从规划建设管理角度明确了地铁、轻轨的行政审批条件。此外，《城市轨道交通工程项目建设标准》（建标104—2008）规定，城市轨道交通新线建设的运营规模，按线路远期单向高峰小时客运能力，划分为四个类别、三个量级，分别为高运量、大运量、中运量，其中高运量（Ⅰ型）为单向运能4.5万人次/小时～7万人次/小时、大运量（Ⅱ型）为单向运能2.5万人次/小时～5万人次/小时、中运量（Ⅲ型）为单向运能1.5万人次/小时～3万人次/小时、中运量（Ⅳ型）为单向运能1万人次/小时～2万人次/小时。该标准对城市轨道交通客运能力等级进行了更为详细的划分，但存在不同运能等级间指标交叉重叠的问题。

《分类》根据相关政策文件及标准规范规定，结合行业发展现状和政府管理要求，将城市轨道交通分为大运能系统、中运能系统、低运能系统三类，确定分类的特征指标为城市轨道交通在单向1小时内运送乘客的最大数量，并明确为分类的特征值。

2.2.5.3 根据走行方式分类的方法及依据

走行方式是车辆的支承方式和导向方式的统称，支承方式包括钢轮支承、胶轮支承、磁力支承；导向方式包括轮轨导向、导向轮导向、磁力导向。城市轨道交通按照走行方式可以划分为钢轮钢轨系统、胶轮导轨系统和磁浮系统三类。不同走行方式系统制式间的技术差异巨大，现行以城市轨道交通命名的标准主要是针对钢轮钢轨系统的，易产生误导，《分类》明确了不同走行方式的分类特征。

钢轮钢轨系统为通过钢制车轮踏面与钢轨轨面相互作用实现车辆与轨道的接触支承和导向的城市轨道交通，支承轮与导向轮合一。车辆为电力牵引的钢轮走行系统，轨道采用钢轨为车辆支承和导向，能敷设在地面、隧道、高架桥上，承载能力大，适用范围广。

胶轮导轨系统为通过胶轮与轨道梁面或道路路面相互作用实现车辆与轨道的接触支承和导向轮导向的城市轨道交通，支承轮与导向轮分设。车辆为电力牵引的胶轮走行系统，走行轮为胶轮，走行在轨道梁面或混凝土路面上，起支承作用；导向轮采用胶轮或钢轮，依靠导向轨或导向槽对车辆起导向和稳定作用。线路一般设置在高架桥上或混凝土路面，独立路权。

磁浮系统为一种运用"同性相斥、异性相吸"的电磁原理，通过磁力实现车辆与轨道的非接触支承、导向和驱动的城市轨道交通，有常导和超导两种类型，采用无接触的电磁悬浮（支承）和导向，没有车轮，具有运行噪声小、爬坡能力强的优势。

2.2.6 分类属性

《分类》确定了每种系统制式在服务层次、运输能力、走行方式3种要素下的具体位置，可满足不同使用场景下语境统一。《分类》提供了每种系统制式典型的技术特征，包括旅行速度、参考车型和敷设方式。

2.2.7 标准实施意义

《分类》的发布实施，有助于统一全国城市轨道交通分类，为行业主管部门决策管理提供技术支撑，促进我国城市轨道交通高质量发展。

2.2.7.1 引导城市轨道交通行业健康有序发展

《分类》是涵盖新技术、鼓励创新和促进研发产业化的重要基础，也是中国城市轨道交通产品和工程走向国际市场的重要基础。标准的实施，有助于引导和规范城市轨道交通工程和装备产业符合主流技术发展方向，健康有序发展。

2.2.7.2 服务城市健康可持续发展

制式选择是城市轨道交通规划建设的重要内容，对轨道交通这一城市重大基础设施的工程经济性影响重大。依据《分类》，可确保制式选择的科学性、经济性、合理性，有助于城市健康可持续发展。

2.2.7.3 有利于优化调整标准体系

现行的标准体系是基于2007年发布的《城市公共交通分类》CJJ/T 114—2007制定的，很多标准的标准化对象并不明确，冠名为"城市轨道交通"，但技术条款规定仅适用于钢轮钢轨系统或者仅适用于大运能系统的情况较为普遍。《分类》有利于进一步厘清标准间的界限，减少交叉重复。

3　质量安全篇

3.1　青岛地铁班组建设典型经验做法

为建立健全新时代建筑产业工人队伍建设的体制机制，加快培育新时代建筑产业工人，促进建筑业转型发展，依照《国务院办公厅关于促进建筑业持续健康发展的意见》(国办发〔2017〕19号)、《新时期产业工人队伍建设改革方案》等文件精神，自2022年以来，青岛地铁率先在业内以建设单位名义开展工程班组建设，经过探索总结，构建了以行业主管部门指导，建设单位主导，施工、监理、分包单位共同参与的协同机制，以"两进三环四管五保"为主线的班组建设新模式，形成了班组建设典型经验。

3.1.1　指导思想

坚持以习近平新时代中国特色社会主义思想为指导，全面深入学习贯彻党的二十大精神，坚持以人民为中心的发展思想，严格落实习近平总书记就产业工人队伍建设作出的一系列重要论述，深刻认识和大力弘扬劳模精神、劳动精神、工匠精神，按照政治上保证、制度上落实、素质上提高、权益上维护的总体思路，针对影响产业工人队伍发展的突出问题，依托班组建设创新体制机制，提高产业工人素质，畅通发展渠道，依法保障权益，造就一支有理想守信念、懂技术会创新、敢担当讲奉献的宏大的产业工人队伍，汇聚起地铁一线建设者团结奋斗的磅礴力量，持续推动"青岛市城市更新和城市建设三年攻坚行动"纵深推进。

3.1.2　提出背景

当前，我国城市轨道交通工程主要参建单位大部分以国企为主，在国企改革深化提升行动大背景下，着力打造适应中国式现代化要求的现代新国企成为必然要求。班组作为企业内部规范化管理的最小组织单元，是企业各项生产活动的最终落脚点，也是推动建筑业高质量发展的"牛鼻子"。

建筑业劳务用工模式主要是以总承包单位为核心，专业承包公司和施工公司为主要施工组织者，大量劳务分包企业为基础的塔形。这种劳务用工制度在行业快速发展过程中发挥了重要作用，也存在弊端。一是，施工总承包单位仅对现场工人履行安全教育培训等强制性职责，没有实现对工人的直接有效管理，现场的工人处于弱管甚至失管状态，造成安全质量事故频发；二是，进城务工人员合法权益得不到保障，欠薪欠费、信访讨薪等问题突出；三是，工人社会地位偏低，受尊重程度不足，自我价值得不到充分实现，社会存在感低，与应有的主人翁地位还存在差距。

3.1.3 主要内容

3.1.3.1 总体思路

为持续深入推进国企改革深化提升，实现施工总承包单位管理理念与工人自我价值的有机融合，充分发挥民主协商自治的最大优势，青岛地铁坚持走群众路线，大兴调查研究，秉承"顶层设计、系统谋划、顶格协调、全面推进"的工作理念，立足底层夯基，激发工人内生动力，不断探索总结，创新提出班组建设这一基层民主管理新模式，构建起了以党建引领国企基层治理的新格局。

班组建设模式坚持"三一三二"的总体思路，以"坚持党建统领、坚持群众路线、坚持参与式民主管理"为基本原则，围绕"两进三环四管五保"的工作主线，按照"进场就创建、达标才作业、过程创示范"的三阶段推动方案，全面开展班组建设，不断提升班组建设水平，着力实现班组自管自治。

3.1.3.2 工作目标

班组建设具有切入口小、聚焦精准的特点，着力解决两个问题，以管理"小切口"撬动现场"大治理"。

（1）解决组织力问题。发扬"支部建在连上"的光荣传统，总结提出"两进"，即"党组织进班组、领导干部进班组"，下沉管理力量，参与班组生产，为实现施工单位对分包队伍穿透式管理提供组织保障。

（2）解决管不到的问题。从"管生活、管培训、管分配、管体系"四个方面入手做好班组管理，切实保障一线作业工人基本权益，提升一线工人的荣誉感、获得感，促进民主意识提升。

3.1.3.3 具体做法

班组建设主要围绕"两进、三环、四管、五保"的工作主线开展，形成全链条全要素的穿透式管理。

"两进"是开展班组建设的组织保障。"两进"即"党组织进班组、领导干部进班组"，党组织进班组发挥基层党组织战斗堡垒和发挥党员先锋模范作用；领导干部进班组，起到指导帮扶、协调保障、补位纠偏的作用。

"三环"是推动班组建设的三个关键环节。"三环"是指小立法＋二次分配、保障赋能、考核评价三项务实举措。公开民主制定班组立法，根据考核情况实施差异化的二次分配。强化"两进"人员保障、加大优秀班组长培育力度，定期开展劳务队伍评价，进行保障赋能。建设过程中按"进场创建、达标验收、过程示范"三个阶段开展验收，按组织建设、监理、施工单位三个层次考核，并组织工人对班组建设情况进行满意度评价，全方位保障班组建设质效。

"四管"是班组建设管理的四个基本要素。通过提供工人居住条件、制定伙食标准、改善工作生活环境实现生活管理，通过开展安质培训、提升业务技能、规定组织纪律实现培训管理，通过规范劳务、建立全员实名制、工资足额代付实现分配管理，通过班组自治、项目赋能、后方保障实现体系管理。

"五保"是班组建设要实现的根本目标。通过比风险辨识准、比隐患排查多、比三违现象少实现安全管理水平提升，通过比样板创建标准、比验收通过率、比工程优质率提升过程施工质量，通过技能有提升、衔接更有序、创新更助力等措施提高生产效率，通过个人有收益、项目得奖励、企业有效益实现效益的提增，通过我要安全、我要实现价值、参与项目管理等主观能动性的发挥实现团队自治。

3.1.3.4 核心保障措施

穿透式管理是班组建设最鲜明的本质特征，通过创新实施"小立法＋二次分配""保障赋能""考核评价"三项务实举措，保障穿透式管理落细落实。

"小立法＋二次分配"是班组建设的关键环节，"小立法"是班组民主自主制定工作标准并全员通过，"二次分配"是建设单位、施工总承包与施工单位共同出资设立的专项资金，在正常发放工资的前提下按照班组全员"小立法"的考核情况，形成"二次分配"结果。

保障赋能是指施工单位后方公司为班组建设保障赋能，为"两进"人员提供政策支持及保障，建立以班组为核心的分包队伍评价和推介机制。

考核评价是保证班组建设高质量开展的外部约束力。严格按照"进场就创建、达标才作业、过程创示范"三阶段推动班组建设，从班组、项目部、后方公司三个维度进行班组建设质效的考核评价，保障工作落实。

3.1.4 工作成效

3.1.4.1 现场管理成效

"班组建设"新模式通过穿透式管理实现施工总承包单位对一线作业班组的直接有效管理,在提升本质安全水平、增强质量过程管控能力、提高项目效益等方面取得较好成效。

2022年,共235个班组开展了示范班组创建,其中38个通过线路建设单位示范验收,14个班组通过地铁集团级示范班组验收,10个班组获批国家级安全管理标准化班组,7人获评安全管理标准化班组长。据统计,52个示范班组平均违章作业率较开展班组建设前降低27%,安全隐患排查数量平均增加20%。通过实施班组建设,工程实体质量整体提升,工序验收平均一次通过率提高12%。2023年,404个班组中已有65个班组通过线路建设单位示范验收,8个班组通过地铁集团级示范班组验收。班组"五小"创新11项全线网推广、17项推荐使用。

两年来,隐患排查数量平均增加316%,作业违章率平均降低59%;项目部一次验收合格率提升10%,监理验收优质率提升8%;窝工率降低8%,单次工序时间平均提升26%;工人岗位薪资平均提升9%,项目部月度人均产值平均提高69%;工人满意度较班组建设开展前提升22%。

青岛地铁班组建设创新成果荣获2022国企管理创新成果(案例)一等奖,青岛市委主题教育领导小组办公室组织央媒等主流媒体对青岛地铁创新"班组一线工作法"典型案例进行宣传报道。

3.1.4.2 主要社会效益

(1)双向奔赴的融合发展。班组建设是介于最原始的自有工人模式与塔形建筑企业组织结构之间的一种新型模式。管理人员下沉并融入班组,项目管理能够"下得去";施工一线声音能有效传递,反映问题能有效解决,真实心声能够"上得来",工人实现项目建设参与式管理。班组建设坚持党建统领、群众路线、参与式民主管理三大基本原则,是"下得去"和"上得来"两种理念的真正融合。

(2)发挥团队自治最大价值。通过实施班组建设,让工人切实感受到生产生活条件得到明显改善,个人技能有所提升,精神生活更加丰富,工人的归属感、认同感得到有效提升,真正有地位、受尊重、得实惠。参与式民主管理模式充分激发作业工人的主人翁意识,进一步增强责任感,实现班组成员从"要我安全"到"我要安全",再到"我要做贡献"和"我要实现自我价值"的积极转变,鼓励自我提升,充分挖掘个人的最大潜能,实现个人和团队的价值最大化。

3.1.5 推广应用

青岛市住房和城乡建设局作为行业主管部门，高度重视班组建设工作，安排专人做好指导服务工作。一是，发挥行业指导职能，通过网站先后发布《关于印发〈房屋建筑工程安全班组建设工作实施方案〉的通知》《青岛市市政公用工程质量安全监督站关于在市政公用工程领域推广青岛地铁"班组建设"典型经验做法的通知》《青岛市市政公用工程质量安全监督站关于进一步加强全市市政公用工程班组建设工作的通知》，积极推广典型经验做法；二是，探索扩大应用领域，2023年7月11日、11月2日先后组织市政公用工程建设、监理、施工单位项目负责人开展"班组建设"经验观摩研讨会，胶州湾第二隧道工程、重庆路快速路等重点市政公用项目分享交流班组建设经验，持续扩大班组建设应用领域；三是，评优评先树典型，全面总结2023年度全市市政公用工程班组建设推进工作，树立实绩实效导向，评选出59个市政公用工程表现较好班组、118名施工单位"两进"人员，59名监理人员，63名表现较好的建设单位人员，进一步发挥典型引领示范作用。

3.1.6 工作建议

2022年以来，青岛市认真总结地铁班组建设管理经验，持续完善班组建设管理机制，不断扩大班组建设应用领域，在全市地铁工程、重点市政公用工程全面推行班组建设"穿透式"管理，取得了一定实效，苏州市、福州市等城市建设主管部门、地铁建设单位先后来青岛市调研班组建设情况。现就推广青岛市班组建设管理经验提出以下几点建议：一是，由专委会组织对班组建设推进情况和管理实效开展专题调研或交流研讨，进一步了解各地在加强一线工作人员质量安全管理方面的成功经验做法；二是，开展城市轨道交通工程班组建设课题研究，出台城市轨道交通工程班组建设指导性文件。

3.1.7 总结与展望

3.1.7.1 总结

避免三个误区：

（1）额外工作：认为班组建设是额外增加的工作，增加工作负担。国务院安委办公室　住房城乡建设部等八部门《关于进一步加强隧道工程安全管理的指导意见》(安委办〔2023〕2号)指出：强化施工单位项目管理班子对作业班组的穿透式管理。

（2）增加项目管理成本：认为班组建设专项资金来源无法落实解决，增加项目资金投入。

（3）班组建设只关乎班组本身：狭隘地认为班组建设是临时工程，只关乎班组创建本身，缺乏整体观念，未统筹项目、劳务、班组、员工之间关系。

3.1.7.2 展望

（1）常抓不懈推进：班组建设是一项长期工作，不可能一蹴而就，要高度重视、齐心协力、久久为功，才能开花结果取得实效。

（2）强化经验总结：进一步总结经验，完善机制，丰富班组建设内涵，推动工作走深走实，在安全、质量、综合效益方面取得更大成效。

（3）拓宽应用范围：持续放大效能，将地铁成功经验全面推广至房屋市政工程施工领域，进一步拓宽应用范围。

（4）扩展应用领域：加强在建设、监理、施工单位的处室建设中的推广力度，鼓励先行先试，不断扩展应用的广度。

3.2 城市轨道交通工程周边环境工作制度解读

3.2.1 政策背景

《中华人民共和国建筑法》

第三十九条　施工现场对毗邻的建筑物、构筑物和特殊作业环境可能造成损害的，建筑施工企业应当采取安全防护措施。

第四十条　建设单位应当向建筑施工企业提供与施工现场相关的地下管线资料，建筑施工企业应当采取措施加以保护。

《建设工程安全生产管理条例》

第六条　建设单位应当向施工单位提供施工现场及毗邻区域内供水、排水、供电、供气、供热、通信、广播电视等地下管线资料，气象和水文观测资料，相邻建筑物和构筑物、地下工程的有关资料，并保证资料的真实、准确、完整。

建设单位因建设工程需要，向有关部门或者单位查询前款规定的资料时，有关部门或者单位应当及时提供。

第三十条　施工单位对因建设工程施工可能造成损害的毗邻建筑物、构筑物和地下管线等，应当采取专项防护措施。

第六十四条　违反本条例的规定，施工单位有下列行为之一的，责令限期改正；逾期未改正的，责令停业整顿，并处5万元以上10万元以下的罚款；造成重大安全事故，构成犯罪的，对直接责任人员，依照刑法有关规定追究刑事责任：（四）施工现场临时搭建的建筑物不符合安全使用要求的；（五）未对因建设工程施工可能造成损害的毗邻建筑物、构筑物和地下管线等采取专项防护措施的。

施工单位有前款规定第（四）项、第（五）项行为，造成损失的，依法承担赔偿责任。

《建设工程质量管理条例》

第九条　建设单位必须向有关的勘察、设计、施工、工程监理等单位提供与建设工程有关的原始资料。

原始资料必须真实、准确、齐全。

《危险性较大的分部分项工程安全管理规定》（中华人民共和国住房和城乡建设部令第37号）

第五条　建设单位应当依法提供真实、准确、完整的工程地质、水文地质和工程周边环境等资料。

第六条　勘察单位应当根据工程实际及工程周边环境资料，在勘察文件中说明地质条件可能造成的工程风险。

设计单位应当在设计文件中注明涉及危大工程的重点部位和环节，提出保障工程周边环境安全和工程施工安全的意见，必要时进行专项设计。

第二十九条　建设单位有下列行为之一的，责令限期改正，并处1万元以上3万元以下的罚款；对直接负责的主管人员和其他直接责任人员处1000元以上5000元以下的罚款：（一）未按照本规定提供工程周边环境等资料的；

第三十一条　设计单位未在设计文件中注明涉及危大工程的重点部位和环节，未提出保障工程周边环境安全和工程施工安全的意见的，责令限期改正，并处1万元以上3万元以下的罚款；对直接负责的主管人员和其他直接责任人员处1000元以上5000元以下的罚款。

《关于印发〈城市轨道交通工程安全质量管理暂行办法〉的通知》（建质〔2010〕5号）

围绕工程周边环境保护设立了一系列制度，包括：环境调查、合理避让、拆改移、现状评估、提供资料、专项设计、环境核查、专项方案、现场交底、现场保护、监测巡视等制度措施。

《关于印发〈城市轨道交通工程周边环境调查指南〉的通知》（建质〔2012〕56号）

规定了调查程序、调查的范围、调查内容、调查成果形式等。

《住房城乡建设部关于印发〈城市轨道交通工程质量安全检查指南〉的通知》（建质〔2016〕173号）针对这些制度和各参建主体设立了检查内容。

3.2.2 参建各方工作内容及责任

3.2.2.1 建设单位

1.组织周边环境调查

建设单位负责组织工程周边环境调查工作,并在工程概算中确定工程周边环境调查费用。建设单位可以委托相关单位开展工程周边环境调查工作。

建设单位应组织设计单位研究提出工程周边环境调查的技术要求,明确调查的范围、对象、内容及成果要求等,并向受委托从事工程周边环境调查的单位(以下简称调查单位)进行技术交底。

建设单位应组织对工程周边环境调查报告进行验收,并按合同要求及时提供给勘察、设计、施工等单位。

根据《关于印发〈城市轨道交通工程周边环境调查指南〉的通知》(建质〔2012〕56号),勘察、设计、施工单位应对工程周边环境进行核查。工程周边环境实际状况与建设单位提供的资料不一致或工程周边环境调查资料不能满足勘察、设计、施工需要的,建设单位应组织补充完善。

2.重要环境避让

《关于印发〈城市轨道交通工程安全质量管理暂行办法〉的通知》(建质〔2010〕5号)第八条 工程周边环境严重影响工程实施或因工程施工可能造成其严重损害的,建设单位应当在确定线路规划方案时尽可能予以避让。

3.拆改移与现状评估

《关于印发〈城市轨道交通工程安全质量管理暂行办法〉的通知》(建质〔2010〕5号)第八条 无法避让且因条件所限不能进行拆除、迁移的,建设单位应当根据设计要求和工程实际,组织开展现状评估,并将现状评估报告提供给设计、施工、监理、监测等单位。

该条款包含两层意思:

一是对实在无法避让,却又存在较高风险的周边环境,应尽量拆除迁移。

二是对确实因条件所限不能拆除、迁移的,要进行现状检测和评估。

(1)现状检测和评估(包括工前评估、工中评估、工后评估等)

目的:深入掌握环境现状安全性、制定合理可行的专项保护和风险监控措施。一般委托第三方单位完成。

(2)建议做法

对风险评估被评定为初始风险Ⅰ级和Ⅱ级(适当考虑)的工程周边环境进行现状检测与评估;现状检测评估应给出相关控制指标;现状检测要留下影像资料,现场作出标记。

4.管线交底

《关于印发〈城市轨道交通工程安全质量管理暂行办法〉的通知》(建质〔2010〕5号)第十七条　建设单位应当在施工前组织地下管线产权单位或管理单位向施工单位进行现场交底,并形成文字记录,由各方签字并盖章。

3.2.2.2　调查单位

调查单位在开展工程周边环境调查前应编制调查方案和调查表:

(1)调查方案主要包括工程概况、调查目的和依据、调查范围和对象、调查内容、调查方法和手段、调查成果要求等。

(2)工程周边环境调查宜分阶段进行,不同阶段环境调查内容应满足相应阶段深度要求。

可行性研究阶段应通过收集地形图、管线图等方式获取工程周边环境资料。对影响线路方案的重要工程周边环境,须进行重点调查。

初步设计阶段应通过查询收集资料、实地调查走访和必要的现场勘查探测等手段,对工程周边环境现状进行全面调查。

施工图设计阶段应根据工程设计条件变化或工程需要,补充完善工程周边环境资料。

对影响工程施工安全的地下管线、地表水体渗漏等情况,应根据设计要求或工程需要进行专项调查。

调查单位应当编制工程周边环境调查报告,并按合同要求及时提交建设单位。

3.2.2.3　设计单位

1.专项设计

《关于印发〈城市轨道交通工程安全质量管理暂行办法〉的通知》(建质〔2010〕5号)第二十四条　设计单位提交的设计文件应当符合国家规定的设计深度要求,并应根据工程周边环境的现状评估报告提出设计处理措施,必要时进行专项设计。

施工图设计应当包括工程及其周边环境的监测要求和监测控制标准等内容。

2.监控指标论证

《关于印发〈城市轨道交通工程安全质量管理暂行办法〉的通知》(建质〔2010〕5号)第二十五条　设计单位应当对安全质量风险评估确定的高风险工程的设计方案、工程周边环境的监测控制标准等组织专家论证。

3.2.2.4　施工单位

1.环境核查

《关于印发〈城市轨道交通工程安全质量管理暂行办法〉的通知》(建质

〔2010〕5号)第三十六条 施工单位应当对工程周边环境进行核查。工程周边环境现状与建设单位提供的资料不一致的,建设单位应当组织有关单位及时补充完善。勘察、设计、施工单位应对工程周边环境进行核查。工程周边环境实际状况与建设单位提供的资料不一致或工程周边环境调查资料不能满足勘察、设计、施工需要的,建设单位应组织补充完善。

这样要求是由于环境类型多样复杂,前期的环境调查工作难以全面有效地掌握,且到施工时可能有些周边环境会发生变化。因此施工单位作为工程实施和周边环境保护控制的主体,有义务核实周边环境资料,并进行必要的补充探查工作。

建议做法:

(1)深度核查(特别是管线渗漏情况),形成完整资料;

(2)形成核查报告,报建设单位;

(3)建设单位要组织完善,并将完善后的资料提交给设计、施工、监理、监测单位。

2.专项方案

《关于印发〈城市轨道交通工程安全质量管理暂行办法〉的通知》(建质〔2010〕5号)第三十七条 施工单位应当按照有关规定对危险性较大分部分项工程(含可能对工程周边环境造成严重损害的分部分项工程)编制专项施工方案。对超过一定规模的危险性较大分部分项工程专项施工方案应当组织专家论证。

对城市轨道交通工程而言,危险性较大的分部分项工程不仅包括工程自身风险较大的各类分部分项工程,还包括周边环境条件复杂、环境影响风险大、工程施工可能造成周边环境严重损害的一些分部分项工程,如下穿既有建筑物、穿越地下管线的暗挖、盾构工程,紧邻周边高大建筑物的明挖基坑工程等。

建议做法:

(1)对初始风险定为Ⅰ、Ⅱ级的环境风险工程,编制专项施工方案、专项监理细则。

(2)现场指认交底:

①一条管线一个交底记录,交底记录应附图,有明确的确认意见。

②改移施工应对承担改移的施工单位进行交底;对改移后的管线要就现场的管线对土建施工单位进行交底。

3.现场保护

《关于印发〈城市轨道交通工程安全质量管理暂行办法〉的通知》(建质〔2010〕5号)第三十九条 施工单位应当指定专人保护施工现场地下管线及地

下构筑物等，在施工前将地下管线、地下构筑物等基本情况、相应保护及应急措施等向施工作业班组和作业人员作详细说明，并在现场设置明显标识。

该条款包含三层意思：

（1）施工单位应当指定专人保护施工现场地下管线及地下构筑物，建立管线档案资料。

（2）施工作业前应进行专项安全交底。

（3）在现场设置明显标识。

4.监测与巡视

《关于印发〈城市轨道交通工程安全质量管理暂行办法〉的通知》（建质〔2010〕5号）第四十条　施工单位应当对工程支护结构、围岩以及工程周边环境等进行施工监测、安全巡视和综合分析，及时向设计、监理单位反馈监测数据和巡视信息。发现异常时，及时通知建设、设计、监理等单位，并采取应对措施。

施工单位应当按照设计要求和工程实际编制施工监测方案，并经监理单位审查后实施。

3.2.2.5　勘察单位

《关于印发〈城市轨道交通工程安全质量管理暂行办法〉的通知》（建质〔2010〕5号）第二十一条　勘察外业工作应当严格执行勘察方案、操作规程和安全生产有关规定，并采取措施保护勘察作业范围内的地下管线和地下构筑物等，保证外业安全质量。

3.2.3　周边环境调查工作方法

3.2.3.1　环境调查的范围——确定原则

《城市轨道交通工程周边环境调查指南》第3.1条　工程周边环境的调查范围应根据城市轨道交通工程的线路位置、敷设方式、埋置深度、结构形式、施工方法、地质条件及工程周边环境重要性等因素综合确定。

该条是确定工程周边环境调查范围的指导性原则。

3.2.3.2　环境调查的范围——参考范围

《城市轨道交通工程周边环境调查指南》第3.2条　城市轨道交通地下工程主要施工工法的调查范围可参考表3-1确定。

调查范围参考表　　　　　　　　　　　　表3-1

工法类别	调查范围	备注
明（盖）挖法工程	不小于基坑结构外边线两侧各30米（或3H，取大值）	H——基坑设计开挖深度

续表

工法类别	调查范围	备注
矿山法工程	不小于隧道结构外边线两侧各30米（或$3Hi$、$3B$，取最大值）	Hi—隧道设计底板埋深 B—隧道设计开挖宽度
盾构法工程	不小于隧道结构外边线两侧各30米（或$3Hi$、$3D$，取最大值）	Hi—隧道设计底板埋深 D—盾构隧道设计外径

注：各地可根据本地区地质条件和工程经验等，适当调整调查范围。

调查范围以定性和定量相结合的确定原则，以一般影响区为最大调查限界范围，可采用不同理论原理（peck公式、塌落拱理论等），以取大值为原则。对软土地区、岩溶区和敏感环境对象等，应适当扩大调查范围。

3.2.3.3 共性调查内容

《城市轨道交通工程周边环境调查指南》第4.1条　工程周边环境调查的内容一般包括调查对象的名称、类型（或用途），地理位置，与轨道交通工程的空间关系，修建年代或竣工日期，产权人或管理单位，原建（构）筑物建设、勘察、设计、施工等单位，使用（或在建）现状，竣工图纸情况，特殊保护要求等。

对环境调查而言，无论何种环境对象，存在一些共性和基本的环境属性信息，如名称、类型（或用途），地理位置，与轨道交通工程的空间关系，修建年代或竣工日期，产权人或管理单位，修建单位，特殊保护要求等内容，对其进行调查十分必要。

3.2.3.4 特殊调查内容

不同的环境对象，具有独特的环境属性信息，调查内容相应有所不同，作为特殊或重点调查内容，应针对不同的环境对象分别规定。详见《城市轨道交通工程周边环境调查指南》第4.1条～第4.12条。

3.2.3.5 不同环境对象的特殊调查内容

不同环境对象的特殊调查内容汇总情况见表3-2。

不同环境对象的特殊调查内容汇总表　　　　表3-2

环境对象	调查内容	说明
地上建（构）筑物	建筑层数、高度、结构形式、基础型式、基础埋深（标高）、地基变形允许值及沉降观测资料等内容	采用复合地基、桩基的建（构）筑物还包括地基基础的主要设计参数、施工工艺等内容
地下构筑物	结构形式、外轮廓尺寸、顶（底）板埋深（标高）、原施工、开挖范围、围（支）护结构形式、抗浮措施、施工方法等内容	

续表

环境对象	调查内容	说明
地下管线	管线的类型、功能、材质、规格、坐标位置、走向、埋设方式、埋深(标高)、施工方法等内容	各类管道还包括管节长度、接口形式、拐折点坐标、管径变化位置、节(阀)门(或检查井)位置、载体特征(压力、流量流向)、使用情况(正常、废弃、渗漏)等内容 采用地下综合管道共同沟的,还包括共同沟的结构形式、断面尺寸、顶(底)板埋深(标高)、围(支)护结构形式、变形缝设置情况等内容
桥梁	结构形式、桥宽、桥长、跨度、基础形式及桥梁承载力、桥梁限载、限速、桥面破损情况、桩基参数(桩长、桩径等)、试桩资料、地基变形允许值及沉降观测资料等内容	
隧道	隧道的顶(底)板埋深(标高)、断面尺寸、衬砌厚度、施工方法、原施工开挖范围、附属结构(通道、洞门、竖井、小室)、变形缝设置及渗漏情况等内容	
道路	道路等级、路面材料、路面宽度、路基填料及填筑厚度、支挡结构及沉降观测资料等内容	
既有轨道交通设施	敷设方式、线路形式、道床形式、行车间隔、运行速度、车辆荷载、轨道变形要求等内容	①轨道交通设施地下线参照隧道调查内容 ②轨道交通设施地面线还包括路基形式、填筑厚度等内容 ③轨道交通设施高架线参照桥梁调查内容
边坡、高切坡	边坡的支挡结构形式、地基基础形式、设计参数、施工工艺、排水设施、边坡允许变形量及变形观测资料、破损及渗漏情况等内容	
地表水体	水体范围、水底淤泥厚度、防洪水位、河床冲刷标高、通航要求、防渗方式、渗漏情况、水工建筑的地基变形允许值和沉降观测资料等内容	
水井	井深、井径、井壁材质、出水量、服务范围等内容	
文物	除参照地上建(构)筑物或地下构筑物的调查内容外,还需调查文物等级、保护控制范围及要求等内容	

3.2.3.6 环境调查的成果形式

(1)工程周边环境调查报告主要包括以下内容:

①工程概况;

②调查目的和依据;

③调查范围和对象；

④调查方法和手段；

⑤调查成果及资料说明；

⑥工程周边环境对工程的影响和风险分析；

⑦附图、附表。

（2）调查报告的附图、附表主要包括：

①工程周边环境基本情况调查统计表；

②调查对象相关图纸；

③现场有关影像资料、实测数据；

④相关资料复印件等。

3.2.4　小结

《关于印发〈城市轨道交通工程周边环境调查指南〉的通知》（建质〔2012〕56号）规定了调查程序、调查的范围、调查内容、调查成果形式等；相关政府部门和单位应支持、配合工程周边环境调查工作，产权人或管理单位应如实提供工程周边环境相关资料。其中涉密资料应按有关规定做好保密工作。

《关于印发〈城市轨道交通工程安全质量管理暂行办法〉的通知》（建质〔2010〕5号）围绕对周边环境保护设立了一整套从规划到施工非常具体的制度措施，特别是对管线的保护措施，若认真落实，损坏管线的事故是可以避免的。

建议建设单位根据上述文件要求制定管线保护管理办法，就各项制度的落实详细规定具体操作性的要求，如明确相关单位的责任、落实各项措施的具体做法和要求、工作程序以及需要的相关工作记录表单等。

3.3　智慧城市轨道交通工程建设探索与实践

3.3.1　国家政策与行业现状

1.住房和城乡建设部颁发的相关政策文件

《住房和城乡建设部等部门关于推动智慧化建设与建筑工业化协同发展的指导意见》（建市〔2020〕60号）2020年7月

《关于加快推进新型城市基础设施建设的指导意见》（建改发〔2020〕73号）2020年8月

《住房和城乡建设部等部门关于加快新型建筑工业化发展的若干意见》（建标规〔2020〕8号）2020年8月

《"十四五"建筑业发展规划》2022年1月

《住房和城乡建设部关于公布智能建造试点城市的通知》（建市函〔2022〕82号）2022年10月

2.轨道交通相关目标

城市轨道交通工程智慧化建设初具成效。2025年，城市轨道交通工程质量安全责任体系、风险防控体系更加健全，标准化、信息化、智能化水平明显提升。

（1）推进智慧工地建设。强化建设单位质量安全首要责任，完善多阶段验收管理对策措施。推进城市轨道交通工程质量安全管理信息平台建设应用，提高风险隐患智能管控能力。

（2）提升第三方监测智慧化水平。完善第三方监测数据采集技术手段，推进施工现场风险动态监测、自动分析和智能预警。

（3）完善风险防控技术措施。对全国城市轨道交通建设工程相关的基坑、隧道坍塌事故典型案例和盾构施工风险防控等进行调查研究，完善关键技术措施，强化重大风险管控。

（4）业务技术层面主要任务
①完善智慧化建设政策和产业体系；
②夯实标准化和数字化基础；
③推广数字化协同设计；
④大力发展装配式建筑；
⑤打造建筑产业互联网平台；
⑥加快建筑机器人研发和应用；
⑦推广绿色建造方式。

3.3.2　城市轨道交通工程智慧化建设现状

大部分城市轨道交通企业发布了智慧城轨、绿色城轨发展规划，在工程建设过程中进行示范应用；明确智慧化建设的目标、内容、路径以及示范工程；对数字化、智慧化、绿色化之间的关系和建设步序进行探索。

3.3.3　智慧化建设技术探索

3.3.3.1　智慧化装备1：设施自动化监测

探索自动化监测设备及技术的适应性，同步开发自动化监测技术系统平台、编制规范标准，条件成熟后，逐步全面推广，实现全面自动化监测、形成高精度、高可靠性、高稳定性的自动化监测系统；开发具有完备的在线监测、离线分析、安全评判、风险评估的决策支持系统，实现实时监测、安全动态评估。

3.3.3.2 智慧化装备2：长大隧道精密三维检测技术装备

装备集移动三维激光扫描装置、地铁隧道高清相机装置、轨道扣件病害检查装置于一体，可实现线路限界、隧道裂缝、隧道表面病害等状态参数的高速同步检测，检测效率较传统人工检测提高10倍以上。

3.3.3.3 智慧化装备3：设备安装工程智慧化工具（图3-1）

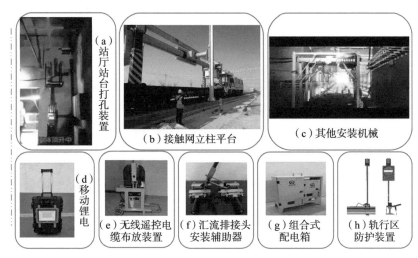

（a）站厅站台打孔装置

（b）接触网立柱平台

（c）其他安装机械

（d）移动锂电

（e）无线遥控电缆布放装置

（f）汇流排接头安装辅助器

（g）组合式配电箱

（h）轨行区防护装置

图3-1　设备安装工程智慧化工具示意图

3.3.3.4 数据底座：工程建设全过程、全要素、全空间"一张图"（图3-2）

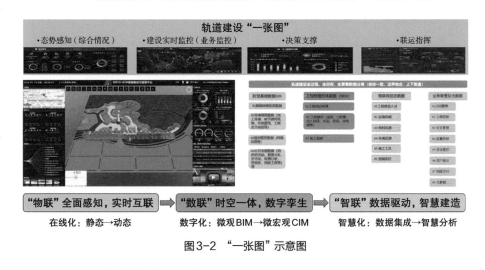

图3-2　"一张图"示意图

3.3.3.5 AI领域大模型开发

针对城市轨道交通工程智慧化建设的迫切需求，通过对行业知识的训练、微调和开发，形成了城市轨道交通领域（质量安全）大模型。集成网页信息、技术标准、行业书籍、科研论文、工程图纸、工程图片、工程影像、信息模型、合成数据等数千万条数据，具备质安千问、图纸智寻、模型智寻、质量通病问诊、标准做法课堂、视频制作大师、风险咨询专家、监测工程师、盾构守望、遥观现场等十大群智慧体功能，为每一位轨道交通质量安全管理者提供全方位、可信赖的智慧助理。

3.3.4　总结展望

当前城市轨道交通工程智慧化建设体系已初步形成，在示范线路开展试点应用，取得了较大的效果，但也存在发展质量和效益不高的问题。

（1）施工过程仍需投入较大的人力与资金成本进行数据采集、更新、利用。

（2）建设阶段形成的数据资产仍未充分发挥其有效价值。

因此需要对智慧建造的关键技术装备进一步优化提升；对建设数据的利用模式进行充分研究，以推动城市轨道交通工程建设的高质量发展。

4 勘测篇

4.1 概述

住房城乡建设部《2023年全国工程勘察设计统计》数据显示，2023年全国轨道交通勘察设计行业同比增长6.3%，延续了以往的增长趋势但增速逐渐放缓。虽然城市轨道交通新线建设步伐放缓，但我国城市轨道交通运营里程已稳居世界前列，而且还在不断增长。根据中国城市轨道交通协会发布的《城市轨道交通2023年度统计和分析报告》显示，截至2023年底，中国城市轨道交通运营线路总长度为11224.54公里，且当年净增运营线路长度886.65公里；2023年在建线路总长为5671.68公里。勘测业务板块深耕城市轨道交通工程测量主业，守正创新，除在传统的建设期测量业务中继续以优质高效的服务保持领先优势之外，还结合"智慧城轨"和"绿色城轨"建设，挖掘城市轨道交通工程全生命周期测绘需求，为线路运维的科学高效管理和旧线改造，提供以三维激光扫描为代表的先进测绘技术服务。

近年来，受经济和社会因素的多重影响，建筑设计行业收入下降。2024年政府工作报告提出增加有效投资，尤其是在基础设施和绿色低碳项目上，这将为轨道交通勘测行业带来新的机遇。技术发展方面应大力推动BIM技术和数字化工具的应用，提高设计和施工效率，降低成本；包括无人机测绘、3D扫描等先进技术在内的应用正在改变传统的勘测方式，提供更精确的数据支持。

基础设施投资依然稳健，这有利于相关勘测活动的需求维持。相关勘测服务将面临新的增长点。国家政策强调单位GDP能耗降低和绿色低碳转型，这要求勘测行业提供更为环保和可持续的解决方案；环境保护和生态恢复项目将为轨道交通勘测行业带来新的业务机会，尤其是在生态评估和环境监测方面。

勘测企业需积极适应市场变化，利用技术创新提升服务质量和效率，同时关注绿色发展和数字转型，以应对即将到来的行业变革。

4.2 典型城市情况

4.2.1 典型城市情况——合肥

合肥轨道交通，是服务于中国安徽省合肥市的城市轨道交通。其第一条线路于2016年12月26日正式开通运营，使合肥成为内地第三十座、安徽省第一座开通轨道交通的城市。截至2024年5月，合肥轨道交通运营线路共有5条，包括合肥轨道交通1号、2号、3号、4号、5号线，线网覆盖合肥瑶海区、包河区、蜀山区、庐阳区、肥西县、肥东县，运营线路总长约210公里，全线共设161座站点。2023年12月26日，合肥轨道交通线网运营里程突破200公里；2024年3月2日，合肥轨道交通线网总客流突破16亿人次。

（1）合肥轨道交通目前正处于快速发展阶段，多个在建项目取得了显著进展。例如，1号线三期、2号线东延线、3号线南延线、4号线南延线已开通初期运营。此外，7号线一期和8号线一期也相继完成了全线车站主体结构的封顶工作。

（2）合肥轨道交通在建项目进度。合肥轨道交通的在建项目进度不断刷新，截至目前，6号线一期、7号线一期、8号线一期、新桥机场S1线等项目正处于土建施工阶段。

（3）合肥轨道交通对城市发展的影响。合肥轨道交通的建设不仅提升了城市的交通效率，还对城市的发展产生了积极影响。通过连接不同的城区和功能区，轨道交通有助于缓解交通压力，促进区域经济一体化，提高居民的生活质量。

4.2.2 典型城市情况——南宁

南宁轨道交通集团有限责任公司（以下简称南宁轨道交通集团，其前身为南宁轨道交通有限责任公司），成立于2008年12月，隶属于南宁市人民政府领导，南宁市人民政府授权南宁市人民政府国有资产监督管理委员会履行出资人职责，是具有独立法人资格、自主经营、独立核算的国有独资集团有限责任公司。

经过十多年的辛苦耕耘，南宁轨道交通集团圆满完成南宁轨道交通第一轮、第二轮建设规划实施，1～5号线顺利建成开通，形成了以"十"字骨架为主、"井"字放射网络为辅、五线联动、通达全城的地铁线网。

其中已运营线路包括，1号线：正线里程32.1公里，于2016年12月全线开通运营；2号线：正线里程20.8公里，于2017年12月全线开通运营；3号线：正线里程27.9公里，于2019年6月全线开通运营；4号线首通段（洪运路站—楼塘村站）：正线里程20.7公里，于2020年11月开通运营；2号线东延：正线里程6.3公里，于2020年11月开通运营；5号线：正线里程20.4公里，于2021年12月开通运营。

目前在建线路包括，4号线（楼塘村站—龙岗站）：正线里程3.9公里；6号线（西津站—天池山站）：正线里程27.9公里。

目前规划线路包括，机场线：正线里程约22.8公里；武鸣线：正线里程约53.2公里；5号线北延：正线里程约8.2公里；3号线南延：正线里程约12.7公里；5号线南延：正线里程约6.7公里；1号线北延：正线里程约4.7公里；2号线东延长线二期：正线里程约3.1公里；4号线东延长线：正线里程约3.6公里；6号线：正线里程约40.2公里；7号线：正线里程约31.5公里；8号线：正线里程约25.3公里。

管辖工程荣获国际、国家、区市级奖项共计130余项。其中南宁轨道交通3号线荣获中国建设工程"鲁班奖"和中国土木工程学会"詹天佑奖"，南宁轨道交通5号线荣获"国家优质工程奖"。南宁轨道交通集团注重科研创新，形成了多种轨道交通"四新"技术，多次获得各种级别的科技进步奖，主编和参编了多项国家、行业及地方标准，为城市轨道交通的发展事业做出了巨大贡献。

4.3 典型案例

4.3.1 合肥市轨道交通5号线工程测量

4.3.1.1 工程概况

合肥市轨道交通5号线全长约40.2公里，共设车站33座，均为地下站，平均站间距约1.23公里，设官塘车辆段和滨湖停车场各1座。全线设置主变电所1座，以及2座35千伏开关站。5号线与合肥市轨道交通远期线网中的1号、2号、3号、4号、6号、7号、8号、9号、S1线形成换乘。合肥市轨道交通5号线是一条南北向的市区骨干线。南起云南路站，北至汲桥路站，覆盖主要客流走廊，快速联系滨湖新区、南站综合交通枢纽、老城区市中心区域、蒙城路地区、庐阳产业园等重要客流集散点和市区近期重点建设发展地区，促进滨湖新区的开发并支持城市向南北方向发展。在合肥南站与轨道交通1号线、5号线形成综合交通换乘枢纽，并与汽车客运北站衔接，加强了城市轨道交通线网与铁路、公路枢纽的衔接，实现城市交通与区域交通的一体化。

合肥市轨道交通5号线从2017年开始建设，因受工期影响2020年12月南段开通，2022年12月全线开通运营。合肥市轨道交通5号线工程总投资额为309.34亿元。该项目测量工作主要包括：地面控制网复测（GPS控制网复测、精密导线网复测、精密水准网复测）、施工测量检测、贯通测量、断面测量、限界测量、铺轨控制基标测量、设备安装测量、竣工测量。

4.3.1.2 项目特点与难点

合肥市轨道交通5号线工程具有工期紧、线路穿越合肥市区整个南北区域、周边施工多、环境复杂、站点多、线路长等特点，针对这些特点对整个施工过程进行了评估并采取相应措施。

（1）针对线路横跨合肥市区南北、线路较长的特点，利用合肥市CORS网及投影归化改正等技术手段建立高精度、高质量的测量控制网体系。

（2）针对工点多、盾构机同时施工，开发了盾构机姿态监控系统，对盾构机姿态进行实时监控。

（3）针对长大盾构隧道，采用双导线并加测陀螺边，保证隧道顺利贯通。

（4）自主研发的城市轨道交通测量云APP软件，实现内外业云端一体化，提高工作效率。

（5）针对存在多次交叉换乘站，提出两井定向二次传递。

（6）采用三维激光扫描技术，应用于断面测量、调线调坡、土建工程质量检测与验收。

4.3.1.3 项目成果

1.本项目形成的成果

（1）合肥市轨道交通5号线工程测量技术方案

（2）合肥市轨道交通5号线工程测量技术总结报告

（3）论文：城市轨道交通长隧道贯通误差分析与测量方法应用

（4）论文：基于最小二乘法的盾构隧道洞门钢环测量及数据处理

（5）论文：三维激光扫描技术在地铁隧道调线调坡测量中的应用研究

（6）软著：城市轨道交通工程测量计算辅助系统

（7）软著：城市轨道交通工程盾构监控管理系统

（8）著作：建筑工程测量及质量控制

（9）规范：《城市地下空间数据规范》DB 3401/T 230—2021

2.本项目主要技术方法

（1）合肥市轨道交通5号线横跨合肥市区南北、线路较长，为了保证实施过程中控制网的精度，在控制网测量过程中利用合肥市CORS网及投影归化改正等技术手段建立高精度、高质量的测量控制网体系。

（2）因合肥市轨道交通5号线的线路长、工点多，为了有效地监控施工单位盾构机在推进过程中的盾构机姿态，开发了盾构机姿态监控系统。能够实时查看全线盾构机推进过程中的盾构机姿态及盾构参数，达到及时发现盾构机姿态及参数超限的目的。在实施过程中，为保证及时掌握现场施工进度，开发了现场巡视系统，实现项目信息化和标准化管理。

（3）合肥市轨道交通5号线存在长区间且轨道曲线半径较小、贯通精度要求高、地下导线边长较短、测站数较多等因素，对贯通测量精度有很大影响。因此，将GPS点直接布设在了施工竖井周围，指导联系测量；在盾构检修井进行投点测量并加测陀螺边，结合双导线，提高洞内导线的精度，从而提高贯通测量精度。

（4）采用自主研发的城市轨道交通测量云APP软件，在外业测量中，使用手机端通过蓝牙连接全站仪、水准仪、GPS等设备，采集完成后数据直接上传云平台，内业人员通过PC端云助手进行检查、平差处理，数据无缝衔接，有问题也能及时补测，极大地提高了工作效率。

（5）合肥市轨道交通5号线的线路长，与既有1号线、2号线、3号线存在多次交叉换乘站，根据轨道交通规划，将前期线路施工过程中的换乘站提前代建。针对线路换乘代建站点提出通过附属风井进行联系测量到达车站站厅层，然后再进行两井定向二次传递，将地面控制点引测到底板。通过专家评估及陀螺验证，后期隧道顺利贯通，精度完全满足规范要求，为其他线路相似情况做出了示范。

（6）采用三维激光扫描技术，应用于断面测量、调线调坡、土建工程质量检测与验收。不仅完成了测量检测任务，并且实现了地铁线路全三维"数字孪生"，为运营提供初始形态基础；并且开发轨道交通数据一体化软件，将竣工采集数据信息化，数据转换形成SHP/GDB数据导入合肥地下管网办地理信息系统。

4.3.1.4 项目小结

合肥市轨道交通5号线工程测量项目是省重点建设项目，为保证项目的顺利实施参建各方制定了合理的工作计划，严格执行作业程序和成果的标准化管理，切实履行第三方服务单位职责，与各参建方保持密切联系及配合沟通，实现项目的整体管控及全面管理；选派经验丰富、技术过硬的技术核心人员，投入大量的先进精密测量设备，依托丰富的轨道交通建设经验、雄厚的技术力量及软硬件实力，为该项目的实施提供充足的管理、技术及物资保证；勇于创新，积极引进先进的技术手段及科研力量，与国内外优质高校进行学术交流合作，解决各种技术难题，运用众多新技术、新方法、新设备、新工艺，有效缩短工期、节约成本，在保证施工安全及质量方面产生了巨大的经济和社会效益，可为类似工程建设提供有价值的参考。

在轨道交通5号线工程实施期间，我方作为业主单位测量代表，对5号线工程的测量工作进行整体管控及全面管理，提供技术服务支持，协助业主建立完善的测量监测管理办法，对施工单位的测量工作进行监督指导，与监理、设计、风险咨询等参建单位密切配合，克服了建设期间遇到的诸多测量难题，保证了施工测量质量，确保了地铁5号线如期顺利贯通，得到业主及其他参建单位的一致好评。

4.3.2 滁州至南京城际铁路（滁州段）二期工程第三方监测和第三方测量

4.3.2.1 工程概况

滁州至南京城际铁路（滁州段）二期工程，线路全长13.28公里，含地下段5.791公里（含地下车站），路基段0.258公里，高架段7.321公里，设站6座（预留2座），其中高架站4座（滁州高铁站、滁阳路南站、技术学院站、凤阳北路站），地下站2座（龙蟠大道站、市政府站），设置牵引变电所1座（技术学院站附近）。其中龙蟠大道站、市政府站为地下两层站，技术学院站为高架两层两台夹四线站，滁州高铁站为路中高架三层侧式站，滁阳路南站、凤阳北路站为路侧高架三层侧式站。高架车站一般为框架结构，采用现场浇筑施工；地下车站为地下两层单跨（局部双跨）箱型框架，采用明挖顺作法施工，基坑支护采用钻孔灌注桩+内支撑。

滁州至南京城际铁路（滁州段）二期工程总投资额为44.2亿元，承担的第三方监测和第三方测量项目总金额为920万元。主要包括：地面控制网复测（GPS控制网复测、精密导线网复测、精密水准网复测）、施工测量检测、贯通测量、断面测量、限界测量、铺轨控制基标测量、设备安装测量、竣工测量、明挖车站及盾构区间的监测。

4.3.2.2 项目特点与难点

本项目最大的特色就是全线工法较多，盾构区间较长，如何确保隧道的高精度贯通存在一定的难度；另外本项目作为滁州市第一条城际铁路，建设单位对测量监测的管理经验不足，如何帮助建设单位建立测量监测管理体系是一项重要工作。采用新的技术方法和管理方法，投入先进的设备和高质量的技术人才，保质保量完成了合同内的所有监测及测量工作，达到了项目预期目标。

（1）收集在其他城市测量监测项目的经验，结合滁宁城际项目的实际情况，辅助建设单位建立测量、监测管理办法。

（2）针对工点多，同时开工站点多，巡视压力大的情况。对于明挖、高架段及盾构区间地表，采用无人机进行初步巡视，针对发现的异常情况进行重点巡视；对于盾构区间，开发盾构机姿态监控系统，对盾构机姿态进行实时监控。

（3）针对长大盾构隧道（龙蟠大道站—市政府站盾构区间全长2437米），采用双导线并加测陀螺边，保证隧道顺利贯通。

（4）自主研发的城市轨道交通测量云APP软件，实现内外业云端一体化，提高工作效率。

（5）采用三维激光扫描技术，应用于断面测量、调线调坡、土建工程质量检测与验收。

（6）应用监测、测量信息化平台，实现项目信息化、标准化管理，确保监测、测量成果能有效用于指导施工。

4.3.2.3 项目成果

1.本项目形成的成果

（1）滁州至南京城际铁路（滁州段）二期工程测量技术方案

（2）滁州至南京城际铁路（滁州段）二期工程市政府站—凤阳北路站区间明挖段第三方监测方案

（3）滁州至南京城际铁路（滁州段）二期工程龙蟠大道站—市政府站第三方监测方案

（4）滁州至南京城际铁路（滁州段）二期工程技术学院站—龙蟠大道站区间明挖段第三方监测方案

（5）滁州至南京城际铁路（滁州段）二期工程盾构区间第三方监测方案

（6）滁州至南京城际铁路（滁州段）二期工程高架和路基段第三方监测方案

（7）论文：滁州至南京城际铁路某深基坑变形监测及数据分析

（8）论文：长距离隧道控制测量工作实施与精度分析

（9）论文：城际铁路高程控制网复测及控制点稳定性分析

2.本项目主要技术方法

滁州至南京城际铁路（滁州段）二期工程具有工期紧、线路穿越城市主干道、周边环境复杂、施工工法多样等特点，针对这些特点对整个施工过程进行了评估并采取相应措施。

（1）为了有效地监控施工单位盾构机在推进过程中的盾构机姿态，使用自主开发的盾构机姿态监控系统，能够实时查看全线盾构机推进过程中的盾构机姿态及盾构参数，达到及时发现盾构机姿态及参数超限的目的。在实施过程中，为保证及时掌握现场施工进度，开发了现场巡视系统，实现项目信息化和标准化管理。

（2）龙蟠大道站—市政府站盾构区间单向掘进长度达到2437米，且城际铁路盾构断面大，属于长大盾构区间。轨道曲线较多且半径较小，地下导线边长较短，测站数较多，对贯通测量精度有很大影响。针对这种情况，采取以下措施：①将GPS点直接布设在了盾构始发和接收井附近，减少地面趋近导线测量误差，提高联系测量精度；②地下控制测量采用双导线，提高洞内导线的精度，并在掘进至2/3处加测陀螺边，从而提高贯通测量精度。

（3）自主研发的城市轨道交通测量云APP软件，在外业测量中，使用手机端通过蓝牙连接全站仪、水准仪、GPS等设备，采集完成后数据直接上传云平台，内业人员通过PC端云助手进行检查、平差处理，数据无缝衔接，有问题也能及时补测，极大地提高了工作效率。

（4）滁宁城际铁路盾构机直径达到8米，传统的断面测量方式极其不便，因此采用三维激光扫描技术进行竣工断面测量，不仅完成了测量检测任务，而且实现了地铁线路全三维"数字孪生"，为运营提供初始形态基础。

（5）为达到轨道平顺性，滁州至南京城际铁路（滁州段）二期工程控制采用类似高铁CPIII控制网的自由设站轨道基础控制网。轨道施工测量采用轨道基础控制网（含平面控制网及高程控制网）。平面控制网在精密导线网的基础上进行加密测设；高程控制网在轨道交通二等水准的基础上进行分级布设。轨道基础控制网主要为调线调坡测量、设备安装测量、轨道的铺设、轨道的精调、沉降变形监测和运营维护提供统一的控制基准。在测量过程中，首先对地下控制点进行联测，并进行规划改正；在测量过程中，为保证结果满足规范的要求，对每一站进行悬长对比；在数据处理过程中先进性地采用自由网平差，查看测量数据相对关系，然后进行约束平差，从而满足数据的精度及要求。

（6）为了确保监测数据的时效性，应用监测、测量信息化平台。通过平台及时将测量、监测成果和巡视、预警信息报送给相关参建单位，相关单位可通过平台了解相关信息，作出决策，有效地提高了工作效率。

（7）限界检测集成了测量云APP、三维激光扫描、轨道小车。使用前在测量云APP中输入线路参数及限界参数，利用三维激光扫描采集地铁测量数据，实时拟合计算地铁结构是否满足限界要求，若不满足，则发出报警，并实时给出偏差值。比传统轨道小车效率提高50%，并能准确计算偏差值，有利于施工单位后续整改施工。

4.3.2.4 项目小结

滁宁城际铁路作为以南京为核心的"八条射线"之一，共同构建了南京都市圈快速轨道网络，将辐射沿线各组团融入"一小时"通勤圈，促进滁宁一体化发展，与其余线路共同提升南京都市圈地位，拓展城市空间、优化交通架构，打造"轨道上的长三角"。

2023年6月28日，滁州至南京城际铁路（滁州段）一、二期工程同步通过验收，其中二期工程历时38个月。滁州市迎来的第一条城际铁路，极大地方便了沿线人民群众的交通通行，目前滁宁城际铁路（滁州段）一期调整段、滁宁城际铁路（南京段）尚未建成，预计到2027年建成开通。全线通车后，从滁州高铁站到南京北站，只需要35分钟左右，为滁宁交通提供一个新选择。后期滁宁城际铁路将并入南京地铁网络，能够极大地提高滁州至南京的通行效率，是促进滁州市经济发展、增加城际铁路沿线土地利用价值、改善投资环境、生态环境、城市环境的一条重要交通线路。

在滁州至南京城际铁路（滁州段）二期工程建设期间，根据每个工点的工程特点、周边环境和施工工艺，制定切实可行的测量和监测技术方案，进行针对性的人员、仪器设备和生产资源配置，提高生产效率。本项目的测量、监测工作，在安全风险技术管理中起到了促进作用，滁州至南京城际铁路（滁州段）二期工程建设和运营期间未发生环境破坏、结构坍塌等重要风险事件，未引起不良社会影响。新技术、新方法、新工艺的有效应用，在缩短工期、节约成本、提高效益、保证施工安全及质量方面产生了巨大的经济效益。

在测量工作实施过程中，通过研究应用长大隧道控制测量技术、创新性地将三维激光扫描技术初步应用于土建工程质量检测与验收，改变了传统测量作业方法和作业工序，为今后的轨道交通工程测量工作提供新的技术作业方法和作业流程，积累了经验，值得推广借鉴，增强了企业的核心竞争力，开拓了企业新的经济增长点。

4.3.3　南宁轨道交通3号线工程勘察、地下水及风险控制

4.3.3.1　工程概况

南宁轨道交通3号线南起平良立交站，北至科园大道站，是连接南宁市西北—东南区域方向的一条骨干线，对缓解交通拥挤和经济发展意义重大。线路全长27.32公里，全线为地下线，共设车站22座，工程总投资额为192亿元，其中勘察、监测、降水设计施工合同总额4813万元。

本项目勘察、监测及降水设计工作主要包括：

（1）所承包标段范围内初步勘察和详细勘察阶段的岩土工程勘察（含各阶段的补充勘察）、各阶段岩土工程勘察成果编制以及至3号线土建工程竣工验收通过之日止的过程服务。

（2）通过安全监测、安全巡视和安全状态警戒等多种手段，较全面地掌握各工点的施工安全控制程度，对施工过程实施全面监控和有效的控制与管理，为建设单位的建设风险管理提供支持。

（3）南宁轨道交通3号线一期工程（科园大道—平乐大道）科园大道站主体基坑降水。

4.3.3.2 项目特点与难点

1.项目特点

南宁轨道交通3号线采用多种施工工艺，环境风险源多，地质条件复杂、勘察难度大，地下水种类多、控制难度大。其中青秀山站为超深明暗挖结合车站，工序转换复杂，施工风险大；近距离下穿运营地铁，变形控制要求高，安全管控任务重。

2.主要工程问题及技术难点

（1）地质条件复杂、勘察难度大

①无统一的分层系统和标准体系：南宁以往轨道勘察成果没有形成针对周边基岩地区、岩溶发育区的分层系统和技术标准，结合已有资料和本次勘察成果，制定南宁轨道交通工程建设的分层系统和标准体系是本工程的难点。

②岩溶勘察和处理经验不足：岩溶对线路选择、施工和运营安全等有重大影响，当地无成熟经验参考，查明岩溶发育规律及规模、提出合理的岩溶处理及岩溶水控制措施建议是本工程的难点。

③膨胀土对深埋地铁影响不明：膨胀性岩土对地铁结构的影响无明确结论，设计过程中是否需要考虑膨胀力对结构的影响没有当地经验支持，需重点研究。

（2）水文地质条件复杂，地下水控制难度大

①沿线涉及圆砾层孔隙水、半成岩裂隙水、岩溶水等多种地下水控制，结合不同的工程特性选取安全、经济、合理的地下水控制措施难度大。

②圆砾卵石地层中联络通道采用冻结法施工，水文地质参数获取及后期施工监测难度大。

（3）超深明暗挖结合车站监测项目多、周期长

青秀山站埋深60米，是华南地区最深的明暗挖结合车站，由13个洞室和37个转换节点构成的暗挖隧道群和明挖基坑组成，明暗挖交叉施工，工序转换复杂，风险控制因素多，监测项目多、周期长。

（4）近距离下穿运营地铁线路，变形控制要求高

盾构在粉土和圆砾层下穿1号线，最小净距约5米，是广西首次穿越运营地铁线路，变形控制要求高，尚无类似经验。

4.3.3.3 项目成果

1.本项目形成的成果

本项目解决了南宁轨道交通勘察、监测、地下水控制等关键技术难题，确

保了3号线的安全顺利建造，工程先后获得"鲁班奖"和"詹天佑奖"。成果质量达到国际先进水平，为后续轨道交通建设项目提供了指导意义和借鉴作用。

本项目共获得相关奖励6项、形成规范标准8部、取得专利1项、发表论文1篇。

2.本项目主要技术创新

（1）创立了南宁轨道交通工程岩土分层系统和标准体系，形成了岩溶勘察及处理技术，探明了膨胀性岩土对深埋地铁工程的影响

①首次创立了南宁轨道交通工程岩土分层系统和标准体系

结合已有资料和本次勘察成果，创立了南宁轨道交通工程岩土分层系统和标准体系，保障了后期地铁勘察成果的系统性；同时对不同岩土层参数进行归纳和总结，得出不同岩土层的参数获取方法和建议值范围，提高了勘察成果的准确性。形成地方标准《建筑基坑支护技术规范》（DBJ/T 45-065—2018）和企业标准《南宁轨道交通勘察作业标准化图集》各1部。

②形成了岩溶勘察及处理技术

创造性地将岩溶专项勘察与初勘、详勘相结合，同步进行、相互验证，逐步缩小岩溶探查范围并提高勘察精度，大幅减少了勘察工作量；准确查明了岩溶的发育规律及规模，定性地提出了岩溶处理及岩溶水控制的措施建议，形成了岩溶勘察及处理技术，为后续线路建设提供指导性建议。《岩溶发育区地铁停车场综合勘察手段研究》获广西勘察设计协会科学技术二等奖。

③研究了膨胀性岩土对深埋地铁工程的影响

采用现场调查、室内试验及相似模型试验，研究了膨胀性岩土对轨道交通结构的影响及相互作用机理，揭示了南宁盆地膨胀性岩土的干缩效应强于膨胀效应，但膨胀性对埋深远大于大气影响深度的轨道交通工程影响不显著的特征，得出膨胀土对深埋地铁工程基本无影响的结论，为膨胀性岩土地区地铁设计和施工提供了指导性意见。形成地方标准《膨胀土地区建筑技术规程》1部（DB45/T 396—2022）。

（2）首次创建了适用于南宁地区圆砾层孔隙水、半成岩裂隙水、岩溶水等多种地下水成套控制技术

①创新了富水圆砾层地铁车站明挖基坑降水技术

以往富水地层通常采用止水帷幕加坑内疏干的方案，围护结构成本大，接缝渗漏水易引发基坑坍塌事故。本工程基于单井、群井、多降深、大降深抽水试验和颗分试验，进行多场景耦合计算，揭示了圆砾层地下水二元渗流及周边影响规律，创新了富水圆砾层地铁车站明挖基坑降水技术，取消了12米以内基坑止水帷幕，显著降低了工程成本；对基底以下存在超厚圆砾层的车站，

采用悬挂式止水帷幕结合坑外降水方案，为圆砾卵石地区深大基坑地下水控制提供了新的思路。《南宁强透水复杂地层地铁深大基坑设计施工关键技术创新与应用》项目成果荣获2019年度广西科学技术进步一等奖，孙钧院士评价其达到国际先进水平。

②形成了古近系半成岩深基坑坑外降水技术

古近系半成岩粉砂岩具有孔隙和裂隙的双重性质、难以疏干、扰动后易形成"流砂"等特点。通过对粉砂岩分布、地下水特征及控制措施进行研究，掌握了粉砂岩的特性，同时通过沿线布设的多组抽水试验和水位动态观测孔，获得了大量、连续、准确的水文观测资料，掌握了沿线地下水的分布及变化规律，结合数值模拟，形成了古近系半成岩深基坑坑外降水技术。《半成岩明暗挖超深地铁车站绿色建造关键技术》项目荣获2022年度广西科学技术进步二等奖。

③确定了岩溶区地下水控制措施的参数

岩溶水为管道流，现有公式无法准确计算岩溶水的各项水文地质参数。基于已查明的岩溶分布情况，采用声纳法和示踪法测定岩溶水的流速、流向等参数，通过管道流理论进行计算，为地下水控制措施提供参数，提出了"岩溶水宜堵不宜抽、先堵后排"的处理方针，顺利解决了岩溶地区地下水控制问题，降低了施工风险。地方标准《城市轨道交通工程地质勘察规范》已通过广西壮族自治区交通运输厅立项。

（3）创新了冻结法联络通道勘察和监测关键技术

采用抽水试验结合声纳渗流检测技术查明地下水的流速和流向，为冻结法联络通道提供准确的设计依据。监测周期贯穿冻结孔施工、积极冻结、维护冻结、融沉注浆等全过程，建立盾构管片、冻结体、周边环境变形与冻结体温度监测联动分析体系，准确掌握温度控制及冻胀融沉变形情况，保障冻结法联络通道施工安全。形成地方标准《建筑基坑止水帷幕声纳渗流检测技术规程》（DBJ/T 45-117—2021）1部以及实用新型专利1项。

（4）提出了半成岩地层明暗挖结合超深地铁车站监测成套关键技术

①超深竖井及暗挖交叉群洞监测技术

针对超深竖井及暗挖交叉群洞制定了专项监测方案，定期通过井上井下基准联测确保了监测基准的稳定性；深基坑测斜采用高精度仪器，确保了监测的准确性。形成地方标准《城市轨道交通工程监测技术规程》草案和企业标准《南宁轨道交通建设工程监测工作指南》各1部，发表《古近系半成岩地铁车站深埋隧道矿山法施工变形规律》论文1篇。

②数值模拟分析预测变形技术

针对交叉施工的情况，通过数值模拟分析和实测数据进行比对，判断其影响程度，揭示了变断面隧道群结构关键节点的变形特征及应力变化规律，保证了工程顺利完成，为超深竖井及暗挖交叉群洞开挖施工监测工作提供了新思路。

（5）构建以工程监测为核心的盾构穿越既有线风险管控联动体系

针对下穿既有运营线路，在建设、运营及地铁保护之间建立以工程监测为核心的风险管控联动体系。建设管理部门在穿越前设置试验段，通过试验段反馈的监测数据验证和选取最优施工参数；地铁保护管理部门根据运营监测数据和结构现状评估运营线路安全性，提出控制指标及施工措施建议，开展地铁保护专项监测，以高精度高频率的自动化监测手段指导穿越施工；运营管理部门加密运营监测频率，与地铁保护监测数据相互验证，更准确地掌握既有线变形情况。各环节的风险管控实现联动，保障了工程的顺利建设和既有线的安全运营，为后续穿越既有线工程提供了宝贵的经验与思路。形成地方标准《城市轨道交通结构安全防护技术规程》（DBJ/T 45-072—2018）、《城市轨道交通运营线路结构监测技术规范》（DB45/T 2127—2020）各1部。

4.3.3.4 项目小结

本项目准确查明了沿线圆砾卵石和古近系半成岩的空间分布和特性，提出了经济、合理、有针对性的基坑支护、地下水控制措施建议，优化了设计施工方案，特别是悬挂式止水帷幕结合降水的地下水控制技术，显著降低了工程建造成本；查明了沿线溶洞发育规律，提出了岩溶处理的措施建议，明确了岩溶水"宜堵不宜抽"的控制方法，大幅降低了工程风险；同时总结了多种工法下的监测技术要点和经验，形成了多项地方标准，促进了监测技术的发展，避免事故发生带来的巨大经济损失。节约建造成本约5000万元。

本成果确保了3号线工程顺利推进，为顺利通车提供了重要的技术支撑。通车后，南宁市正式进入轨道交通线网时代，更加方便了市民出行，3号线也是国家级试贸区开通的第一条地铁线，为试贸区的发展提供了强有力支持，产生了巨大的社会效益。

本成果的应用有效地控制了地铁建设对周边环境的影响，避免了边坡和基坑失稳、周边建（构）筑物下沉开裂甚至坍塌的工程事故，将工程建设对周边环境的影响降到最低限度，产生了巨大的环境效益。

此外，本成果已经在南宁市地铁类似工程中成功应用，同样取得了显著的经济效益、社会效益和环境效益。

5 规划篇

5.1 概述

2023年，我国出台了一系列稳经济、稳预期政策，经济增长持续回升向好，高质量发展稳步推进。在此导向下，轨道交通建设作为城市发展的重要驱动力，我国城市轨道交通的发展同样呈现出比较平稳的发展态势。

4月，国家发展改革委组织召开"城市群都市圈多层次轨道交通融合发展经验交流现场会"，基于城镇化发展到都市圈城市群形态的新阶段、轨道交通面临建设轨道上的都市圈城市群的新使命、顺应城市轨道交通升华为都市轨道交通的新形势，提出了轨道交通"多元融合可持续发展"新理念，探索多元融合可持续发展的新模式和路径，并作了相应的工作部署。

6月，中国城市轨道交通协会发布《2022年度城市轨道交通效能评价指标分析报告》。报告选取了发展指数、效率指数、安全指数、经济指数和服务指数等5个分项评价指数下的17项主要指标，以及效能指数进行分析，分析结论可用于相关城市及企业对标，同时为推动行业高质量发展提供数据支撑。

9月，中国城市轨道交通协会在中国城市轨道交通TOD发展大会发布了《中国城市轨道交通协会关于进一步鼓励和发展城市轨道交通场站及周边土地综合开发利用（TOD）的指导意见》。以全面指导城市轨道交通场站及周边土地综合开发利用（TOD），进一步鼓励和发展城市轨道交通TOD的开发和实践。

9—10月，国家批复杭州、青岛、郑州等多个都市圈发展规划。都市圈内部城市的基础设施互联互通将更加通畅，建设轨道上的都市圈，推动干线铁路、城际铁路、市域（郊）铁路、城市轨道交通"四网融合"，构建轨道交通"一小时"通勤圈，都市圈轨道交通发展再提速。

11月，住房城乡建设部印发《住房城乡建设部关于全面推进城市综合交通体系建设的指导意见》(建城〔2023〕74号),为贯彻落实国务院关于进一步规范城市交通基础设施规划建设的有关部署,全面推进城市综合交通体系建设工作。文件提出应聚焦促进城市及周边高快速路一体化、提升城市通勤走廊出行效率、完善城市货运物流通道网络、优化轨道交通线网及提升客流效益等重点任务,因地制宜有序开展城市快速干线交通系统建设。城市轨道交通建设要符合城市发展战略,积极发挥轨道交通优化城市功能布局的作用,开展城市轨道交通建成项目效益评估,加强项目实施监督检查。

总体来看,2023年国家层面继续大力支持城市轨道交通发展,陆续批复了杭州、青岛、郑州等都市圈发展规划,推动都市圈多层次交通规划。同时,各地积极推动轨道交通多元融合可持续发展,从规划、建设转向运营、评估,以推动城市轨道交通更高质量发展。

5.2 规划统计数据

自2003年颁布国办发〔2003〕81号文至2023年底,据不完全统计,中国城市轨道交通建设项目获国家发展改革委批复的城市为44个,已批复的轨道线网规模约12947公里。从历年批复的线网规模来看,2018年后受政策影响,批复规模有所放缓;2021年起,国家严控地方债务风险,进一步加强对"十四五"期间城市轨道交通的规划建设的指导。2021年共批复315公里,2022年共批复570公里(其中新增规模约438公里),2023年共批复543公里左右(图5-1)。

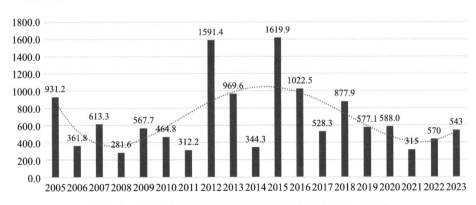

图5-1 历年国家发展改革委批复建设规划规模(单位:公里)

截至2023年底,从各城市已获批复的城市轨道交通建设规划总规模来看,北京、上海、深圳、广州、成都、武汉、杭州、天津均超过了500公里,其中北京超过1000公里,上海、深圳、广州超过700公里。重庆、西安、青岛、苏州、郑州、南京、合肥、宁波、长沙、济南、大连、厦门、长春、佛山等14城市已批复规模介于200～500公里之间。13个城市获批建设规模在100～200公里，其余9个城市获批规模小于100公里（表5-1）。

中国城市已获国家批复城市轨道交通建设规模汇总表　　表5-1

序号	城市	总批复规模（公里）
1	北京	1235.0
2	上海	982.2
3	深圳	840.1
4	广州	755.5
5	成都	674.0
6	武汉	629.7
7	杭州	606.1
8	天津	511.7
9	重庆	451.4
10	西安	386.9
11	青岛	375.4
12	苏州	373.2
13	郑州	325.7
14	南京	315.7
15	合肥	280.0
16	宁波	278.7
17	长沙	269.8
18	济南	241.4
19	大连	235.2
20	厦门	234.9
21	长春	221.2
22	佛山	218.0
23	南宁	196.4
24	昆明	187.6
25	无锡	172.8
26	贵阳	170.1
27	福州	166.8
28	南昌	160.0
29	温州	156.5
30	徐州	146.3

续表

序号	城市	总批复规模（公里）
31	石家庄	139.3
32	东莞	125.5
33	沈阳	118.0
34	常州	113.8
35	绍兴	100.9
36	乌鲁木齐	89.7
37	哈尔滨	89.6
38	兰州	81.8
39	南通	59.6
40	呼和浩特	51.4
41	太原	49.2
42	芜湖	46.9
43	包头	42.1
44	洛阳	41.3

注：数据来源为2005年至2022年底国家发展改革委正式批复文件及2022年、2023年各城市网站公布信息资料。

5.3 年度批复建设规划

5.3.1 北京

1.轨道交通线网规划

当前北京市执行的是2022年批复的《北京市轨道交通线网规划（2020年—2035年）》，根据规划远期北京轨道线网总规模约2683公里，包括区域快线（含市郊铁路）15条1058公里，城市轨道38条1625公里。远期中心城区和城市副中心轨道交通出行比例达到27%以上。

2.轨道建设规划

截至目前，国家批复过北京市轨道交通建设规划（含调整）共5期，当前执行的是2023年5月批复的《北京市轨道交通第三期建设规划（2022—2027年）》。2022—2027年，实施建设1号线支线、7号线三期（北延）、11号线二期、15号线二期、17号线二期（支线）、19号线二期、20号线一期、25号线三期（丽金线）、M101线一期、S6线（新城联络线）一期以及亦庄线—5号线、10号线联络线工程共11个项目，新增规模231.3公里。根据规划至2027年，北京市将形成总规模1270公里的轨道交通网络。

5.3.2 长沙

1.轨道交通线网规划

当前长沙市执行的是2020年批复的《长沙市轨道交通线网规划修编》，根据规划远期长沙轨道线网由17条线组成，线路总规模约794公里，包括都市区快线4条182公里，市区线13条612公里。远期公共交通出行比例达到40%，轨道出行占公共交通出行的50%以上。

2.轨道建设规划

截至目前，国家批复过长沙市轨道交通建设规划（含调整）共4期，当前执行的是2023年5月批复的《长沙市城市轨道交通第三期建设规划调整》。根据规划至2026年，长沙市将形成7条运营线路，总规模273.3公里的轨道交通网络。

5.3.3 深圳

1.轨道交通线网规划

当前深圳市执行的是2018年批复的《深圳市轨道交通线网规划（2016—2035）》，根据规划远期2035年深圳市轨道交通线网总长度约1216公里，其中市域快线9条495公里，普线22条721公里。远景高峰公共交通占机动化出行的70%以上，轨道占公共交通的70%以上。

2.轨道建设规划

截至目前，国家批复过深圳市轨道交通建设规划（含调整）共7期，当前执行的是2023年批复的《深圳市城市轨道交通第五期建设规划（2023—2028年）》。根据规划至2028年，深圳市将形成24条运营线路，总规模约840公里的轨道交通网络。

5.3.4 绍兴

1.轨道交通线网规划

当前绍兴市执行的是2022年批复的《绍兴市城市轨道交通线网规划（2021—2035年）》，根据规划远期绍兴轨道线网由8条线组成，线路总长度约281.5公里，其中市域快线5条200公里，地铁线2条59.3公里，低运量轨道线1条22.2公里。远景年公共交通出行占全方式出行的比例达到35%～40%，轨道交通出行占公共交通出行的45%～50%。

2.轨道建设规划

截至目前，国家批复过绍兴市轨道交通建设规划共2期，当前执行的是

2023年批复的《绍兴市城市轨道交通第二期建设规划（2022—2027年）》。根据规划至2027年，绍兴市将形成5条运营线路，总规模约100公里的轨道交通网络。

5.3.5 常州

1.轨道交通线网规划

当前常州市正在执行的是2019年批复的《常州市城市轨道交通线网规划（修编）》，根据规划远期常州轨道线网由7条线组成，线路总长度约292公里。远期规划区，轨道交通出行占公共交通出行的40%～45%。

2.轨道建设规划

截至目前，国家批复过常州市轨道交通建设规划共2期，当前执行的是2023年批复的《常州市城市轨道交通第二期建设规划（2023—2028年）》。根据规划至2028年，常州市将形成4条运营线路，总规模114公里的轨道交通网络。

5.4 发展与趋势

5.4.1 推动城市轨道交通多元融合发展

为进一步深化城市轨道交通"四网融合""站城融合"发展经验，破解城市轨道交通存在的客运强度待提高、财务可持续性不足、发展动能偏弱的困惑和难题，中国城市轨道交通协会颁布实施了《中国城市轨道交通多元融合发展指南》（以下简称《指南》）。

《指南》基于创新、协调、绿色、开放、共享的新发展理念，剖析新型城镇化发展中城市轨道交通的形态结构、构成要素和发展中的困惑难点、融合成本，围绕引客流、增收益、降成本三大方向，引导并推动关联系统或要素相互渗透、多元融合、一体化发展，在更高层次、更宽领域、更大范围配置资源和重构结构，发挥叠加效应、聚合效应和倍增效应，提升全网络、全系统、全行业整体效能，构建客流、财务、技术、装备和生态可持续发展的新时代中国式融合型城市轨道交通。提出了构建绘制"一张蓝图"、推进"九元融合"（区域融合、四网融合、多交融合、线路融合、站城融合、系统融合、绿智融合、文旅融合、业务融合）、聚焦三大方向（引客流、增收益、降成本）、发力五个可持续（客流可持续、财务可持续、技术可持续、装备可持续、生态可持续）、实施五个协同（规划协同、服务协同、技术协同、管理协同、经营协同）的"1-9-3-5-5"融合发展体系。

规划协同方面应以综合交通体系和统筹融合为导向，着力补短板、重衔接、优网络、提效能，更加注重存量资源优化利用和增量供给质量提升，将融合发展的理念贯穿于多元融合各个路径的规划设计中，推进多规融合，提高政策统一性、规则一致性和执行协同性，打通各种方式、制式间壁垒，在规划层面打造一张协同网。

下阶段规划协同重点主要包括：一是，区域融合方面，城市群都市圈的轨道协同发展规划，各城市共同编制、认定、实施，实现枢纽跨区覆盖、组团跨区接驳、廊道互联互通、重点区域多路径连接比率大于95%；二是，四网融合方面，干线铁路网、城际铁路网、市域（郊）铁路网、城市轨道交通网的四网融合规划，基于轨道上的城市群都市圈，编制包含四网的轨道交通发展规划、线网规划和利用既有铁路开行公交化列车、站点接驳、多层次轨道交通换乘枢纽站布局等专项规划；三是，多交融合方面，多种交通方式网络同步规划和基于轨道车站的微枢纽打造，整合出行链、完善空间一体化设计与布局；四是，线路融合方面，城市轨道交通线网规划的多层次布局，统筹快线、中低运能线和换乘体系布局。服务全网的系统统一规划，单独立项组织实施；五是，站城融合方面，场站综合开发与城市空间的一体化规划，实施TOD规划前置，对周边土地充分开发利用，提高土地开发强度；六是，文旅融合方面，城市轨道交通规划与文旅规划协调，线网规划充分考虑文旅发展，文旅规划考虑与轨道进行充分衔接。

5.4.2　做好既有线改造的研究和谋划

2020年，我国城市轨道交通运营线路总规模首次超过当年在建线路总规模，表明以建设为主导走向以运营为主导发展新阶段的到来。截至2023年底，我国城市轨道交通开通运营城市达59座，运营线路338条，运营长度11224公里。已开通运营15年以上的线路共有31条，开通运营10～15年的线路共有50条。已开通15年以上的线路相关设施设备系统的设计使用寿命和服役年限已接近极限，10年以上的线路也将陆续进入设备更新周期，更新改造需求已较为迫切。

城市轨道交通在高速发展过程中，重建设、轻运营，重线路、轻网络，重短期、轻长期的现象比较突出，总体水平不高，大而不强，进入网络化运营阶段后线网在结构、功能与服务等方面的问题逐渐显现，因此既有线网改造伴随大量的功能升级需求，改造与升级相伴而生，相辅相成。既有线网改造升级是城市轨道交通系统建成后的持续改进和完善，是对既有线网的功能升级和再造，有利于促进城市轨道交通整个系统的提质增效，其意义不亚于再建一张线网，对于我国城市轨道交通由规模增长向质量增强的转型具有重要的现实意义。

2024年6月，中国城市轨道交通协会印发了《中国城市轨道交通既有线改造指导意见》，分析了轨道行业在既有线改造方面面临的形势与存在的问题，以行业可持续高质量发展的导向，统筹发展战略，明确工作目标，提出策略措施，谋划实施路径，制定保障措施，强调以新质生产力推进城市轨道交通更新改造。城市轨道交通既有线改造应注重以下方向：一是，快速便捷，提升既有线网服务效率；二是，供需匹配，提升既有线网服务能力；三是，可靠韧性，提升既有线网安全水平；四是，以人为本，提升既有线网服务品质；五是，绿智融合，提升既有线网装备自主化水平。

6 设计篇
——四网融合下的轨道交通物流模式研究专题

6.1 概述

6.1.1 研究背景

快递配送及城市物资供应需求快速增长，为开展轨道交通物流模式研究提供了充足货源支撑。随着电商行业的高速发展，我国快递业务量持续快速增长，2023年快递业务量累计完成1320.7亿件，同比增长19.4%，是全球第一快递大国。预计2025年我国快递业务量将超1400亿件，2035年快递业务量达2700亿件。面对巨大的快递配送及城市物资供应需求，传统公路配送模式已接近承载力上限，这为开展轨道交通物流模式研究提供了充足的运输需求支撑。

轨道交通网络的进一步完善，为开展轨道交通物流模式研究提供了路网保障。以粤港澳大湾区为例，目前湾区内运营、在建的城际铁路超1000公里，城市轨道交通超1800公里；规划远期湾区城际铁路线网总里程超2100公里，城市轨道交通超5000公里。同时，2020年12月7日国务院办公厅转发国家发展改革委等单位《关于推动都市圈市域（郊）铁路加快发展的意见》的通知，明确指出粤港澳大湾区城际铁路建设规划目标是：构建大湾区主要城市间1小时通达、主要城市至广东省内地级城市2小时通达、主要城市至相邻省会城市3小时通达的交通圈，打造"轨道上的大湾区"，完善现代综合交通运输体系。因此，随着广州地铁及粤港澳城际铁路路网进一步完善，为轨道交通物流体系构建提供了有力的连通性及路网能力支撑。

物联网、5G通信、自动分拣生产线、智能机器人等新技术与新装备的使用，为开展轨道交通货运提供技术保障。随着，物联网、5G通信、北斗定位等新技术的实践及自动分拣生产线、六轴机械臂、智能机器人等物流装备的应用，为轨道交通快运物流体系的构建提供了技术支撑，可有效减少对客运的干扰、提高作业效率、提升安全管理管控水平。例如，京东、顺丰、苏宁等物流通过成立"京东X事业部""顺丰科技研究院"等机构加快智能物流技术研发，并立足亚洲一号仓库、传化公路港等物流园区，加快智能物流技术集成创新应用。京东及菜鸟等企业研发仓储管理系统，实现设施设备作业路径优化及体积自适应包装，减少10%的能源消耗及15%的包装纸箱消耗，并建立了较为成熟的"立体仓＋搬运机器人＋分拣机器人＋智能仓配系统"智能化仓配体系，人均劳动生产率提升了3～5倍。

综上所述，在快递物流需求日趋旺盛与轨道交通网络进一步完善的背景下，以快递物流需求为导向，在新技术、新装备大量使用的基础上，抓住中国国家铁路集团有限公司（以下简称"国铁集团"）大力推进铁路快运物流发展的重要契机，利用轨道交通线网及车厢富余能力，开展轨道交通货物运输成为缓解地面交通拥堵压力、降低城市污染、提升轨道交通运营主体经营收入的一项重要举措。

6.1.2 国内外轨道交通物流发展实践

6.1.2.1 城际铁路物流发展实践

1.法国城际铁路物流发展情况

从1984年起，法国邮政开始采用改装过的动车组在既有铁路线路上以270公里/小时的速度运送包裹，但于2015年7月停运。1997年，法国国营包裹运输公司在既有铁路线路上开行了160公里/小时的包裹列车，并于1998年提速至200公里/小时，但已于2015年6月27日停运（图6-1）。此外，法国乔达国际集团（Geodis）作为法铁子公司，一直以来都在提供法国境内及全球的快递服务。

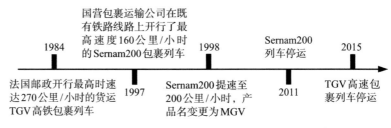

图6-1 法国城际铁路物流发展历程

TGV高速包裹列车于1984年开始运营从巴黎经过马孔到里昂的线路，两端运输由普速列车和公路完成，从20世纪90年代开始，TGV高速包裹列车向南延伸至阿维尼翁，随后普速列车的短驳运输停止。

Sernam200包裹列车于1997年开行了两对列车分别往返于巴黎—波

尔—图卢兹，和巴黎—奥朗日，运行速度160公里/小时，后于1998年由奥朗日延伸运营至马赛，运营速度为200公里/小时。TGV（蓝色）及Sernam2000（绿色）快运货物服务网络见图6-2。

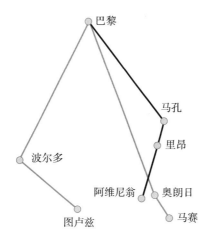

图6-2　TGV（蓝色）及Sernam 2000（绿色）快运货运服务网络

法国城际铁路物流业务的主要载运装备如下。

（1）TGV邮政专列

TGV邮政专列的内部载重约为87吨（图6-3、图6-4），其中净载重能力可达到61吨，列车的最高运行时速为270公里/小时，该邮政列车外观如图6-3所示，TGV邮政专列中拖车单节最大载重可达10.8吨。

（2）Sernam200包裹列车

Sernam200包裹列车由BB22200型机车牵引，由经过改造的G13型普通

图6-3　法国TGV邮政专列车体及线路

图6-4　法国TGV邮政专列及站台

货车改造而成。Sernam200包裹列车以160公里/小时的速度运行时，可允许的轴载重达到18吨，其轴载重随着速度的提高而下降，当运行速度达到200公里/小时时，可允许轴载重仅为11吨。

（3）集装化设备

TGV高铁货运采用带滚轮的集装笼作为集装化设备，有多种型号，图6-5所示为CE30型号的集装化器具，一节TGV拖车可以装载44个CE30型号的集装化器具。

图6-5　CE30型号集装化器具

2.英国城际铁路物流发展情况

1996年，英国皇家邮政公司与货物列车经营者EWS（English Welsh &

Scottish Railway）签订合同，负责经营被重新规划设计过的邮政列车运输服务网。作为现代化计划的一部分，皇家邮政投资购买了325型货运电动车组。2003年，由于业务的减少，英国皇家邮政取消了邮政运输合同；2004年圣诞期间，英国皇家邮政与First GBRf运输公司重新签订合同，利用325型货运动车组运送邮件。2010年合同到期后，DB Schenker公司赢得了英国皇家邮政公司的合同，该合同与以往不同的是，DB Schenker公司不仅负责325型动车组的运营，还负责其养护维修等管理业务。2013年、2015年英国皇家邮政与DB Schenker公司又续签了合同（图6-6）。

图6-6　英国皇家邮政动车组快运发展历程

21世纪初至目前，DB Schenker公司共配备有15列325型动车组，主要运营线路为西海岸线，其中东海岸每天开行2列，西海岸每天开行6列。325型动车组停靠的场站主要包括沃灵顿皇家邮政局（Warrington Royal Mail）、威尔斯登皇家配送中心（Willesden Princess Royal Distribution Centre）和位于威肖的Shieldmuir邮件终点站（Shieldmuir Mail Terminal）三个（图6-7）。

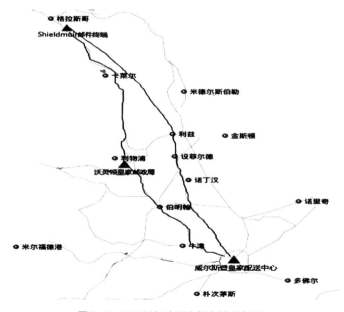

图6-7　325型邮政列车终点站分布图

英国城际铁路物流业务的主要载运装备如下。

（1）325型邮政货运动车组

325型邮政货运动车组（图6-8）可以在25千伏交流电网下运行，也可以在直流制电气化线路上通过导电轨而运行，在非电气化线路上运行时需机车牵引。每辆货车的两边各有一个带滚轮的拉门，拉门设有保险锁，各节车辆之间不能穿越。因为该列车没有外部电源，照明、开门机构和安全装置所用的电力都是由发电机和电池提供的。此外，该车还安装有防滑地板和固定集装箱的装置。

图6-8　英国325型邮政货运动车组

325型邮政货运动车组是一个模块化的列车，司机室采用螺栓固定，应提前装备完成，再与车辆相连。这种模块化的设计，使得该列车在不用于邮件运输的时候，很容易改装成一列旅客列车（图6-9）。

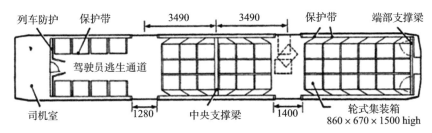

图6-9　英国皇家邮政325型邮政货运动车组布局图

（2）集装化设备

英国皇家邮政公司用于公路、铁路运输，以及分拣中心的滚箱（rolling bin）称为约克集装箱（York-container），用于装载信件和邮包邮件，单个载重约为200公斤，每辆车最多可以容纳45个集装笼（图6-10）。

3. 中国城际/高铁物流发展情况

我国城际/高铁物流始于2014年4月1日，由中铁快运股份有限公司（以

图6-10 英国约克集装箱

下简称"中铁快运公司")负责。目前主要依托动车组确认车、载客动车组、旅客列车加挂行李车和电商快递班列等提供的快递服务,主要产品包括当日达、次晨达、次日达和隔日达、经济快递和同城快递等。

目前,我国的高铁快运业务已经覆盖高铁列车能够到达的所有直辖市、省会城市和主要地级城市。高铁快运已开展的运营实践均利用高铁客运场站进行,主要使用高铁车站行包房、停车场等区域。

目前高铁快运运输资源有高铁载客动车组非乘客空间、载客动车组高铁快运柜、不售票车厢、拆座椅车厢,以及高铁确认车5种形式,载客动车组拆座椅车厢仅在2018年"双11"电商黄金周试点应用。未来还将利用高铁快运动车组开展大批量整列高铁快运业务。中车集团基于"复兴号"技术平台研制的全球首列高铁快运动车组已于2019年4月启动样车生产,2020年12月全球首列高铁快运动车组"中国唐山"下线,使我国成为首个具备时速350公里高铁快运试验运营的国家。

6.1.2.2 地铁物流发展实践

基于城市轨道交通系统的地下货运系统的工程实践在20世纪20年代就出现了,1927年英国伦敦利用地铁运输邮件,实现客货共运的运作模式。该系统运行70年后废止,如今城市地铁白天客运,夜晚运输城市垃圾。J·C·Rijsenbrij认为运载设备和货物包装的标准化可以促进多式联运的发展,城市轨道交通系统有很大的物流潜力,但需要对站点进行实质性的改造,这给具体实施带来一定限制。Behrends研究了多式联运road-rail运输,城市货运量的增长和城市道路资源的限制促使城市公路—铁路协同运输是有必要的,并确定可能采取的行动,以提高竞争力和环境效益。以Marinov为代表的英国学者依据纽卡斯尔的地铁系统的特征,结合多种货运模式的协同,在无须对既有基础设施和网络大幅改造的条件下,从地铁货运方式的设计、运能和排班的不同角度进行了可行性研究，并利用仿真软件对模型进行验证。Nuzzolo等研究了在意大利那不勒斯和索伦托之间客货混运的地铁系统，即使用客运地铁基础设施运送货物的可行性。文章提出利用现有的地铁基础设施，如地铁网络和车站，拆除部分车厢中座椅和内门等设备，以留出空间放置货物。文章认为这种运输方式有诸多限制，且货物对列车空间的占用会影响正常客运，因此建议仅在客运平峰期运输货物。彭玫贞等对地铁货运系统和地铁客运系统进行了对比，并从两者协同运作方式、技术实现以及运营管理等角度进行地铁货运的可行性分析。

实践中，地铁货运系统已经在一些国家和地区进行了应用。例如，2010年日本札幌开始利用城市地铁配送货物，在客车列车内设置货物的放置区；2011年在京都启动轻轨货运服务，在客运低峰期利用客运车厢运输货物用以分担城市道路的货运压力。纽约市利用地铁在夜晚运输城市垃圾，每年可收集1.4万吨垃圾。苏黎世的Cargo Tram系统同时使用有轨电车和小型货运车运送城市货物。北京地铁大兴机场线2019年开通行李托运服务，线路途经丰台区、大兴区，共设草桥、大兴新城、机场三站，全程用时约20分钟；其中，城市候机楼设于草桥站（设置类似海关监管区形式的独立行李托运区域），集装器在施封后装载运输。

6.2 轨道交通开展物流必要性

6.2.1 构建绿色高效现代物流系统的需要

从国家政策层面来看，构建绿色高效物流是交通强国建设的重要支撑。2019年2月，国家发展改革委等部门联合发布《关于推动物流高质量发展促进形成强大国内市场的意见》发改经贸〔2019〕352号，首次提出"要把推动物流高质量发展作为当前和今后一段时期改善产业发展和投资环境的重要抓手，培育经济发展新动能的关键一招，以物流高质量发展为突破口，加快推动提升区域经济和国民经济综合竞争力"，从国家政策层面把物流行业发展提升到新的高度，明确提出未来物流行业要重点"发展'端到端'的物流模式。鼓励和支持云仓等共享物流模式、共同配送、集中配送、夜间配送、分时配送等先进物流组织方式发展"。

同年9月，在中共中央、国务院印发的《交通强国建设纲要》中明确提出，"推进电商物流、冷链物流、大件运输、危险品物流等专业化物流发展，促进城际干线运输和城市末端配送有机衔接，鼓励发展集约化配送模式"；另外，纲要还明确指出，"加快快递扩容增效和数字化转型，壮大供应链服务、冷链快递、即时直递等新业态新模式，推进智能收投终端和末端公共服务平台建设。积极发展无人机（车）物流递送、城市地下物流配送等"。

2020年9月，国家发展改革委会同工业和信息化部等13个部门和单位联合印发的《推动物流业制造业深度融合创新发展实施方案》（发改经贸〔2020〕1315号）中明确提出，"鼓励邮政、快递企业针对高端电子消费产品、医药品等单位价值较高以及纺织服装、工艺品等个性化较强的产品提供高品质、差异化寄递服务，促进精益制造和定制化生产发展"及"支持邮政、快递企业与制造企业深度合作，打造安全可靠的国际国内生产型寄递物流体系"。

2020年12月，国家邮政局等五部门联合印发了《国家邮政局　国家发展改革委、交通运输部、商务部、海关总署关于促进粤港澳大湾区邮政业发展的实施意见》（国邮发〔2020〕78号），明确提出"加快构建国际集散能力强、国内辐射范围广、区域联通水平高的大湾区寄递网络"和"依托大湾区快速交通网络，充分发挥港珠澳大桥作用，加快实现大湾区寄递服务同城化"。

从地方政策来看，探索发展轨道交通货运成为现代综合交通体系建设的重要趋势。在《关于推动物流高质量发展促进形成强大国内市场的意见》《交通强国建设纲要》《推动物流业制造业深度融合创新发展实施方案》《关于促进粤港澳大湾区邮政业发展的实施意见》等国家政策的引导下，北京、广东、浙江、上海、江苏等地方政府也不断出台政策对物流行业发展进行了规划，并设定具体的发展目标。

2020年12月，《北京物流专项规划》提出，北京物流的功能定位是与首都"四个中心"相匹配，以保障首都城市运行为基础，以提高居民生活品质为核心，以城市配送为主要形式的城市基本服务保障功能。围绕这一功能定位，北京将着力打造"大型综合物流园区（物流基地）+物流中心+配送中心+末端网点"的"3+1"城市物流节点网络体系。在地下物流方面，专项规划提出，未来在通州副中心内考虑利用设施服务环建立地下物流配送系统，结合轨道交通车辆基地布局集约化的城市配送中心；结合轨道交通车站布局末端物流设施，形成地下和地上互为补充、集约高效的城市配送体系。

2021年4月，广东省人民政府印发《广东省国民经济和社会发展第十四个五年规划和2035年远景目标纲要》，明确提出"构建错位发展、优势互补、协作配套的现代服务业体系。推进跨境电商与快递物流协同发展，大力发展第三方物流和冷链物流"和"有效整合物流基础设施资源，加快建设内联外通的综合交通运输网络，打造国家物流枢纽和骨干冷链物流基地，提高物流效率，提升对服务供应链的重要支撑作用。大力推动快递物流、冷链物流体系高质量发展，完善城乡物流配送体系"。同年，广州市人民政府发布《广州市人民政府关于印发广州市精准支持现代物流高质量发展若干措施的通知》，提出"加强城乡配送网络衔接，推动海岛配送网络建设，促进形成衔接有效、往返互动的双向流通网络。完善城市配送车辆通行等相关管理政策，对城市配送车辆给予通行、停靠等指导和便利。引导企业使用符合标准的配送车型，推动配送车辆标准化、厢式化""推进'绿色物流'体系建设，推动物流包装、仓储、配送绿色发展"。另外，广东省深圳市、珠海市、佛山市等也相继印发了促进物流业发展的相关文件，明确指出了要大力构建完善城乡配送网络和着力推动绿色物流发展。

2021年4月，浙江省发展和改革委员会印发《浙江省现代物流业发展"十四五"规划》，提出"重点要在快递经济、物流新业态新模式等方面加快打造一批示范全国的金名片新标杆。到2025年，浙江要成为物流成本最低、效率最高省份之一，物流综合实力位居全国前列。建成智能化、便利化的同城即时配送网络，实现城市建成区智能快递末端收投设施和行政村快递服务全覆盖，加快形成全国领先的邮政快递服务体系"；同时《规范》中明确提出，"鼓励杭州、宁波等地先行开展城市轨道配送试点，探索地铁夜间错峰配送、货运专用车厢等模式"。同年，杭州市人民政府发布的《杭州市国民经济和社会发展十四五规划和2035年远景目标纲要》中提出"要提升现代流通体系支撑能力，加快构建内外联通、安全高效的快递网络；要推动数字化、智能化改造和跨界融合，支持快递"两进一出"设施改造升级、健康发展；要推动生活性服务业高品质发展，加快发展快递等服务业，加强公益性、基础性服务业供给，推进服务标准化、品牌化建设，满足市民多层次、多元化的生活服务需求"。

同时，随着高铁货运的成功开行，为地铁及城际铁路货运开展货运业务提供了借鉴范本。为适应电商、快递物流快速发展需求，铁路总公司于2014年11月开办了高铁快运业务，由中铁快运公司负责办理，定位于高端快递物流的需求，采取的方式主要有载客动车组快运柜、确认车、预留车厢、拆除座椅车厢等运输方式。

因此，在"高质量发展"和"高品质生活"两大背景下，轨道交通应积极主动融入国家绿色高效现代物流系统，以物流需求为导向，抓住国家进一步推动物流业高质量发展的重要契机，结合自身路网、车辆、场站资源，创新运输组织模式，推动物流业高质量发展，为高效现代物流体系的建设贡献自身的力量。

6.2.2 缓解交通拥堵助推"双碳"目标实现的需要

从城市交通管理视角来看，发展轨道交通货运有助于缓解交通拥堵。随着城市交通压力的提升，尤其是早晚高峰、节假日等时段，地面交通拥堵现象严重，不仅会造成庞大的能源浪费，还容易产生巨大的空气污染。以广州市为例，根据高德地图联合国家信息中心大数据发展部、中国社会科学院社会学研究所、清华大学—戴姆勒可持续交通联合研究中心、同济大学智能交通运输系统（ITS）研究中心、未来交通与城市计算联合实验室等单位共同发布的《2019年Q3中国主要城市交通分析报告》，其高峰拥堵延时指数为1.8左右，属于我国最堵前十大城市之一；在每年最拥堵的10月，广州市高峰期城市平均行车速度仅23公里/小时左右。

从绿色低碳视角看，发展轨道交通货运有助于降低碳排放量，推动"双碳"目标实现。随着我国太阳能、氢能、水能、风能等清洁能源在能源供给比重的提升，为进一步降低我国碳排放总量，2020年9月22日，国家主席习近平在第七十五届联合国大会一般性辩论上发表重要讲话，提出"二氧化碳排放力争于2030年前达到峰值，努力争取2060年前实现碳中和"。发展绿色经济，建设绿色社会，逐步实现"碳中和"成为我国未来发展的重要议题。中央高度重视"碳中和"承诺，多次在重要性讲话上提及"碳中和"目标，各部委也出台多项纲领性文件，为实现"碳中和"目标提供指引。在联合国生物多样性峰会、金砖国家领导人第十二次会晤、气候雄心峰会等6个国际会议上提出中国将积极参与全球环境治理，承担大国责任，为实现"碳达峰"与"碳中和"采取有力政策措施；并呼吁各国携手共面气候变化这一全球性问题。

因此，轨道交通应该充分利用其绿色、无污染的特性，开展物流服务，助力缓解交通拥堵、降低碳排放量，推动"双碳"目标的实现。

6.2.3 提高轨道交通运输效能的需要

从路网规模来看，地铁与城际铁路路网规模正在有序扩张，为地铁及城际铁路开展货运提供了基础条件。从地铁及城际铁路运力资源来看，目前各地城际铁路运力资源通常有较大的富余，地铁运力资源在部分线路、部分时间段上有一定的富余，同时地铁每日有不载人轧道车运行，存在一定的运力富余。

因此，充分利用轨道交通的富余运力资源，开展物流服务，将有效提高轨道交通的运输效能。随着后续各大都市圈轨道交通网络的不断建成完善，其路网运力富余将进一步增长，开展物流服务的必要性也将不断加大。

6.3 轨道交通开展物流可行性

6.3.1 时间和空间可行性

从网络衔接条件来看，轨道交通的蓬勃发展为物流提供了基础路网条件。

以粤港澳大湾区为例，目前湾区内运营、在建的城际铁路超1000公里，城市轨道交通超1800公里。地铁与城际铁路良好的互联互通性为货物运输提供了可能。互联是指通过换乘的方式实现两条及以上线路联乘出行到达目的地，互联是运输组织的基础场景；互通是指在不同线路间开行跨线列车，从而减少换乘，互通是运输组织的特殊场景，只在必要性和可行性都具备的线路间组织跨线运营。未来湾区线网范围内的全部地铁和城际线路之间都要实现互联，并且要实现公交化运营。

从运能条件来看，目前各地城际铁路运力资源通常有较大的富余，地铁运力资源在部分线路、部分时间段上有一定的富余。从运能利用的时间分布来看，6:00—7:00和23:00—24:00之间，客座率较低。而晚间到凌晨，正是快递物流集散分拨的作业时间，因此总体来看，日常开行的载客地铁列车具备开展货运的运能条件。同时，每天早晨，地铁线路会安排一列轧道车，用于确认线路安全，轧道车不载客空驶，因此也可以用来装载货物。

从列车装载空间来看，目前城际铁路多采用CRH型列车，地铁采用A型车、B型车等多种类型列车。以城际铁路常用的CRH6A型列车为例，其运行时速在160~200公里，通过前期和车辆制造企业、轨道交通运营企业等实地调研，结合未来城际列车货运物流需求，CRH6A型城际列车主要装载货物的空间有5类：晨间不载客动检车、大件行李处、车厢尾部纵排座椅改造、载客车厢预留、载客车厢改造。

6.3.2 物流装载技术可行性

6.3.2.1 轨道交通开展物流的主要装载形式

轨道交通物流服务于同城当日送达快件，主要品类包括食品、蛋糕、药品、鲜花、文件、证件等，主要装载形式包括文件信封、快递企业纸箱、包装袋、外卖配送箱等。

针对信封、快递纸箱、快递保温箱及包装袋等常见货物尺寸，借鉴高铁快运及航空货运经验，可采用集装容器包括专用集装器、专用笼车、集包袋、物流周转箱等形式。

（1）专用集装器：专用集装器已广泛应用于航空货运领域，可最大限度利用运载工具内部空间（图6-11）。

（2）专用笼车：专用笼车已在法国TGV及英国维珍铁路快运中得到广泛实践，该装载方式便于人工装卸作业，便于业务初期实施（图6-12）。

（3）集包袋：该模式已在2020年"双11"北京—武汉整列快运实验中得到应用，集包袋自重小，对货物尺寸限制较小，但是无法对车厢内空间进行有

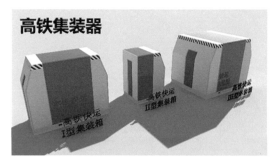

图6-11　专用集装器示意

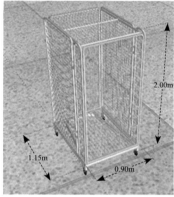

图6-12　专用笼车示意

效利用（图6-13）。

（4）物流周转箱：物流周转箱强度强于集包袋，对货物保护能力更强，并且可通过加入冰板等形式开发蓄冷箱等特殊箱型，用于特殊需求物资运输，但对货物尺寸有一定要求（图6-14）。

从集装器装载角度来看，城际铁路开展货运装载货物具备技术可行性。考虑改造难度，建议以专用笼车、集包袋、物流周转箱等形式装载货物。

图6-13　集包袋示意

图6-14 物流周转箱示意

6.3.2.2 车辆装载可行性

从行车安全、客货干扰、车门装卸、装载空间及货物安全等角度开展车辆装载可行性论证。

（1）行车安全：地铁和城际铁路货运载运重量较轻，利用空间占车厢空间比例较低，货物不会对车辆本身造成损伤，不会因为货物倾覆翻倒对行车安全造成影响，货物不具备易燃易爆的特性，不会引发火灾爆炸等事故。

（2）客货干扰：应划定专门的货运区域，以防护网、隔离带等形式实现客货分流，同时以指示灯形式提前告知旅客本节车厢将承担部分货运作业，可基本免除对客运业务干扰。

（3）车门装卸：地铁车门尺寸（如高1800毫米×宽1300毫米）可满足外卖箱、快递包、集包袋等集装形式的快速进出。城际铁路普遍采用的CRH6A车辆旅客门尺寸宽约1米，高约1.8米，可满足外笼车、集包袋、物流周转箱等集装形式的快速进出。

（4）装载空间：外卖箱、快递包、集包袋等集装形式体积、重量较小，对车厢内部空间占用度低，地铁客流低峰时段客流密度低，车厢内空间富余较大，城际列车车厢内设有大件行李处、纵向座椅等区域，存在足够货物装载的空间。

（5）货物安全：轨道交通总体舒适性、稳定性较好，颠簸程度相对较低，由于快递、外卖类货物所用纸箱、包装袋已具备一定防摔抗震能力，因此只需对集装器以加固带等形式进行简单装载加固即可满足货物安全要求。

6.3.2.3 装卸搬运作业可行性

对标国内外TGV、英国维珍铁路、中铁快运轨道交通高时效运输经验，目前主要装卸搬运形式包括人力搬运、手拖车搬运、笼车搬运、模组带等形式。

（1）人力搬运：以装卸作业人员组成搬运链条，通过人力形成搬运作业链，该模式在2020年"双11"高铁快运整列拆座椅实验得到应用，该模式主要优点为便于实施，不需要进行大规模设施设备改造，缺点为作业效率低、作业场景较为混乱且装载时对车厢内部空间使用效率低。

（2）手拖车搬运：将集包袋、物流周转箱放于手推车上进行站台搬运作业，该模式在装卸端仍需要人工装卸，手推车仅用于站台搬运。

（3）笼车搬运：将货物装载至笼车内进行站台运输及装卸，笼车可作为基本运输单元进行站到站运输，但该模式对笼车尺寸、笼车结构稳定性及装载货物分拣要求较高（图6-15）。

图6-15　笼车搬运示意

（4）模组带是在站台铺设带有滚轮或万向轮的模组带，实现高效搬运作业（图6-16）。

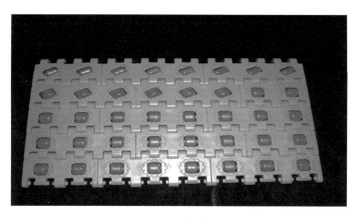

图6-16　模组带示意

综上，从目标装载货物和装载形式、车辆条件、装卸搬运作业等维度出发，轨道交通具备物流装载技术可行性，可采用外卖配送箱、集装袋、物流周转箱、专用笼车等小型集装化手段。

6.3.3 物流设施改造技术可行性

6.3.3.1 站台改造技术可行性

站台主要负责货物装卸作业，需要保证作业时尽量减少对客运的影响。因此在站台层以标志、标线、指示灯的形式设定货运走行流线或客货混走通道即可（图6-17、图6-18）。

图6-17 站台层设置标志、标线

图6-18 城际车站站台现状

站台安全门尺寸满足人力搬运、手拖车搬运、笼车搬运、模组带搬运等多种作业形式要求，因此安全门满足作业要求。

综上，对于地铁和城际铁路的站台无须进行其他改造，具备开展货运设施技术可行性。

6.3.3.2 站厅/站房改造技术可行性

地铁的站厅层和城际铁路的站房主要负责货物安检、暂存、集装器掏装及简要分拨作业，车站内不具备设置自动化分拣设备的条件，同时也无规模化分拣需求，因此近期可采用人工分拣形式，远期可配备小型分拣机器人。因此站厅层和站房需要具备小范围作业空间，可结合客流仿真热力图，选择旅客经过较少的区域，划分货运作业区并配置相关设备即可满足作业需要。

综上，地铁车站设施站厅层和城际铁路站房设施具备技术改造可行性。

6.3.3.3 地面层改造技术可行性

地面层主要负责快递、外卖三轮车车辆停靠及外卖快递配送人员接取、送达货物作业，需要具备小范围作业空间，可在车站地面出入口附近，综合考虑空间富余情况、交通拥堵情况及电梯设置情况来划分货运作业区。

综上，车站设施地面层具备技术改造可行性。

6.4 轨道交通物流实施方案研究

6.4.1 实施原则

一是，坚持安全发展理念，建立健全以旅客运输和地铁及城际列车安全运行为前提的轨道交通货运物流安全保障制度和作业标准。

二是，坚持以需求为导向，遵循高端产品货运市场发展规律，充分发挥轨道交通运力优势。

三是，坚持规划引领作用，指导构建轨道交通货运物流服务体系，创新运输组织、基础设施、载运装备体系，拓展轨道货运业务模式。

四是，坚持开放共享、融合衔接，加强与社会物流企业合作及与其他运输方式有效衔接，推动信息互通、设备共享，提高效率效益。

6.4.2 探索阶段物流实施方案研究

6.4.2.1 货物装载方案

1.地铁货物装载方案

首先分析地铁货物装载需求，之后针对商超配货及同城闪送两种业务模式提出货物装载方案。

（1）货物装载需求

地铁货运货物装载需求主要为：

①方便携带：地铁货运多以人工作业，因此其尺寸及重量需在作业人员可携带范围内。

②占用空间小：开展地铁货运业务若占用较大空间将会对客运业务产生影响，降低旅客满意度。

③对设施设备要求低：地铁内既有设施设备包括通道、安检仪、扶梯、直

梯，均未考虑货运作业要求，采用专业化程度较高的装载方式不具备可行性。

（2）商超配货货物装载方案

分析商超配货业务模式的业务特点：

①目前商超习惯以物流周转箱为货物标准容器，以手推车的形式进行配货，如图6-19所示。

图6-19　商超配货惯用集装容器及手推车

②商超配货运用地铁轧道车运力资源，运输过程中不会与旅客产生空间冲突。

③轧道车装卸时间可得到保证。

④作业车站内客运直梯能力受限，换层搬运能力紧张。

基于上述业务特点，设计以物流周转箱为基本装载单元，稳定运输、便于装卸、能够兼容直梯与扶梯的地铁货运商超配货推车（图6-20）。

地铁货运商超配货推车主要特点体现在：

①整体尺寸兼容商超物流周转箱及扶梯步道尺寸，符合既有作业习惯。

②货厢部分护栏高度可调，可根据需求调整货物堆码高度。

③前轮参照救护车折叠担架设计，前轮可抬起，兼容扶梯作业条件。

④底部滚轮带有固定装置，保证地铁运输过程中推车不会位移。

（3）半日闪送货物装载方案

分析同城闪送业务模式的特点：

①目前同城闪送末端以人工配送为主，以物流背包为主要货物装载形式。

②货物以小件为主，货物量较小。

图6-20 地铁货运商超配货推车

③同城闪送运用载客车辆，若划定专用区域会对旅客乘坐体验产生影响。

④车辆停站时间短，装卸时间较少。

基于上述业务特点，设计有效利用地铁车辆座椅底部空间，便于拖拽、搬运、背挎的地铁货运闪送挎包（图6-21）。

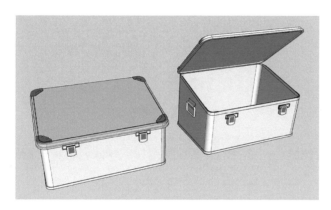

图6-21 地铁货运闪送挎包

其特点在于背包尺寸与地铁座椅底部空间相似，可有效利用座椅底部空间的同时不与旅客造成空间冲突，底部设有小型万向轮，方便拖拽，设有背带，方便配送人员携带（图6-22）。

2.城际货物装载方案

考虑城际铁路物流主要定位于城市内高时效中小体积货物，因此其专用集装器按顺丰F1、F2、F2S、F3、F4纸箱，顺丰1号、2号泡沫箱及标准美团外卖配送箱设计尺寸，同时兼容包装袋及文件封。

考虑地铁及城际铁路车辆开门、车辆改造及人员作业便捷性及地铁—城际—高铁联运条件，以集装笼的形式设计集装容器，如图6-23所示。

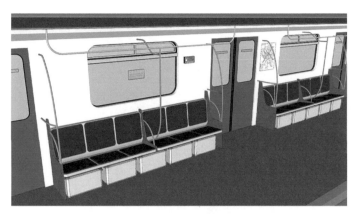

图6-22　地铁货运闪送挎包装载于地铁车辆座椅下方示意图

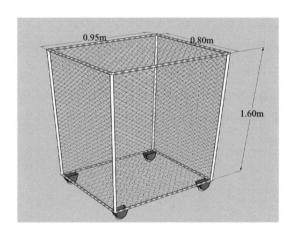

图6-23　集装容器示意图

考虑作业便捷性，参考既有高铁货运作业模式，也可使用集装袋进行作业，单个集装袋重量约为40千克（图6-24）。

图6-24　集装袋现场作业示意图

6.4.2.2 车辆改造方案

1.地铁车辆改造方案

地铁车辆使用频次高，人员进出流量大，对把手、座椅等设施改造恢复难度大，对旅客出行造成影响大，因此本方案不对车辆既有旅客设施进行修改。

针对商超配货业务模式，在车内划分货物停放区，如图6-25所示。

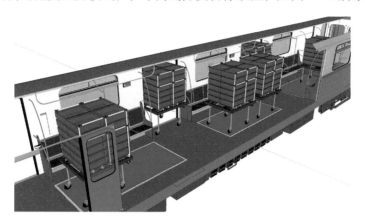

图6-25　商超配货业务模式车厢内货物停放区示意图

针对同城闪送业务模式，在车厢内设座椅底部货物指示灯并设押运员专座，如图6-26所示。

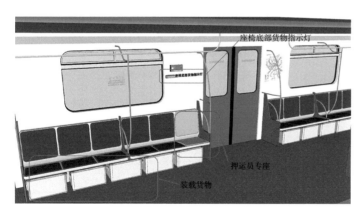

图6-26　同城闪送业务模式车体改造示意图

2.城际车辆改造方案

以城际铁路通常采用的CRH6A型列车为例（图6-27），其最高运营速度为200公里/小时。

从设计来看，CRH6A动车组在1号、8号车末端及中间车两端。设有边座区，于车门附近设置大件行李架，空间较为充裕，改造对动车组客运能力影响较小（图6-28、图6-29）。

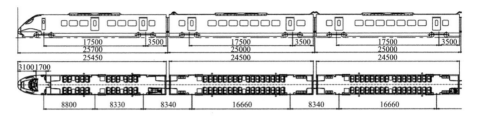

图6-27 CRH6A车辆方案示意图

图6-28 车门处大件行李架

图6-29 车体端部边座区

因此,建议在边座区拆除边座,并设置加固架,边座区宽度约为1.6米,可放置两台集装笼,并于大件行李架设置加固带,放置外卖配送箱、集装袋等货物(图6-30)。

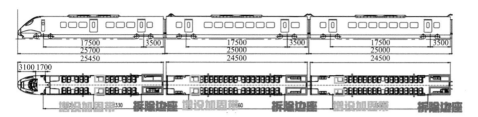

图6-30　车辆改造方案示意图

6.4.2.3 装卸搬运设备配置方案

1.地铁装卸搬运设备配置方案

地铁车站地下建设，对站台设施进行改造成本较高，同时会造成长时间客运中断运行，因此建议不对场站进行土木工程改造。可在地铁站各层标注货运通道，规定货物搬运路线，并于屏蔽门处设置货运提示灯，提醒登车乘客本次列车将承担货运作业。

针对商超配货作业车站，尤其是上盖商业综合体与地铁站一体化布设的车站，可对接商业综合体运营部门，合理规划补货路线，运用地铁直梯、扶梯及商超直梯、扶梯，打通商超配货通道。

2.城际铁路装卸搬运设备配置方案

典型的城际铁路客运站如图6-31所示。

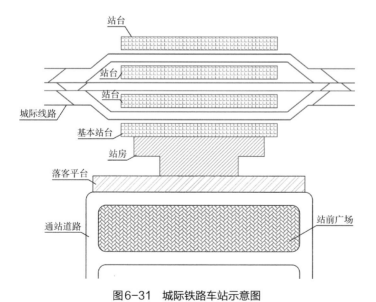

图6-31　城际铁路车站示意图

城际铁路客运站设站前广场，并设有环形通站道路，于通站道路近站房侧设置落客平台；站房多为双层设计，一层为主要出入口并兼顾基本站台检票乘车功能，二层负责其他站台列车的检票乘车。

为减少货运改造对客运业务的永久性影响，并有效利用既有设施内旅客密度低的边缘区域对设施进行改造。

在落客平台边缘部分划分卡车装卸区，供货运卡车装卸作业；在客运主要出入口侧面开设货运出入口，与客运分口出入，减少干扰；进站后利用部分客运安检仪，并在边缘部分划出货运作业区，用于货物的集散和搬运。货物在城际列车侧的装卸作业依托基本站台进行，设置专用货运出入口用于货物装卸。综上，城际铁路车站设施设备改造方案示意图如图6-32所示，城际铁路物流场站内发送作业流程示意图如图6-33所示。

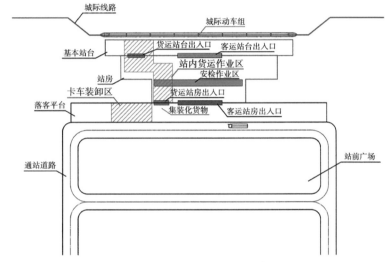

图6-32　城际铁路车站设施设备改造方案示意图

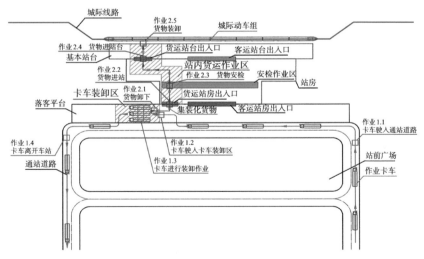

图6-33　城际铁路物流场站内发送作业流程示意图

7 施工篇

7.1 概述

随着我国城市化建设的快速发展,各地城市轨道交通建设逐渐呈现出开挖深、换乘多、体量大的方向发展,建设难度和风险也逐渐增加。由于不同城市的工程地质和水文地质条件各不相同,为解决城市轨道交通建设过程中出现的工程技术、质量、风险问题,在施工过程中不断改进,试验并成功应用了一批新的工艺工法,很好地解决了当前城市轨道交通建设过程中遇到的各类问题。

在基坑工程施工方面,软土地区地基加固常规采用搅拌桩施工,存在深度超过10米时强度不足问题,新型智能多层互剪搅拌桩采用大扭矩单轴同心双层钻杆结构,动力系统带动外钻杆上的框架及搅拌翼板和内钻杆上的钻掘及搅拌翼板,通过搅拌翼板多层双向旋转剪切搅拌,使固化剂与土体形成高质量搅拌桩,桩长和强度得到有效保证。沉井工法在综合吸收了国外沉井施工工艺的相关优点的基础上,同时借鉴了顶管工艺中的减摩泥浆套工艺,形成了一套总体安全可靠、施工高效准确、周边环境影响小的主动控制机械化沉井工艺,有效降低基坑开挖风险。部分车站基坑采用机械法顶管整体推进的方案,大大降低了地面征迁和管线改移费用。速降支撑工法大幅缩短了钢支撑安装到轴力施加完成的时间,解决深基坑施工中的支撑困难和效率低下的问题,减少基坑施工过程中无支撑暴露时间,有效控制或减小施工期间的基坑变形。

在盾构施工方面,部分区间软土、极硬岩、软岩交替出现,传统土压平衡盾构机不能高效地在此类复杂地层中掘进,福州地铁使用土压—TBM双模盾构,用于地层强度跨度大的区间,高效完成区间掘进。大直径盾构隧道内二次结构施工传统使用现浇施工,为提高二次结构施工作业效率,改善二次结构施工质量,目前已研发多种预制构件拼装机器人,下部弧形构件、中隔墙、顶部钢结构节点采用预制拼装施工工艺，内部结构预制率接近100%，可根据不同直径的单洞双线大盾构隧道针对性定制拼装机器人。

在地铁车站结构施工方面，传统地铁车站侧墙浇筑混凝土施工作业，工人劳动强度大，且质量难以保证，混凝土表面出现蜂窝、麻面、气孔、渗漏等质量问题。新型地铁车站附着式振捣结合数控技术实现机械化可控式振捣，提高混凝土浇筑质量，降低劳动强度。哈尔滨地铁为攻克严寒环境影响混凝土质量问题，地铁车站采用叠合装配式，改变了地铁明挖车站工程建设传统的劳动密集型粗放式管理现状。

7.2 工法与应用

7.2.1 上海地铁

7.2.1.1 主动控制机械化沉井ACPP施工技术

1.技术背景

传统水中下沉法沉井工艺简单、总体安全可靠、没有承压水风险，应用广泛；但沉井下沉过程中经常会遇到沉井下沉困难、下沉倾斜的情况，同时采用抽水下沉的助沉方法会带来沉井突沉、沉井歪斜及周边地面沉降等问题。

目前国外沉井工艺如VSM是海瑞克垂直竖井掘进机家族中的一员，在传统沉井基础上，系统集成高，可靠性好，但适用于较硬的土层，优势领域在风化岩地层中，传统沉井无法施工。日本socs沉井施工工法，其主要特点是利用钢绞线进行压入下沉，但该施工工艺机械自动化程度不高，施工过程中需反复穿索，作业较为复杂。

在综合吸收了国外沉井施工工艺的相关优点（包括沉井压入下沉、井身悬挂、机械化开挖、结构预制拼装的特点）的基础上，同时借鉴了顶管工艺中的减摩泥浆套工艺，形成了一套总体安全可靠、施工高效准确、周边环境影响小的主动控制机械化沉井工艺。

2.技术内容

ACPP工法（Active Control Precast Press-in Shaft），采用装配式井壁、机器人取土、主动式压入，不排水下沉的沉井施工方法（图7-1）。

主动控制型沉井采用机械化助沉及水下精细开挖，结合侧壁减摩泥浆套实现下沉可控，施工装备主要由水下挖掘系统、推进悬挂系统、减摩泥浆系统、可视化管理系统及配合的管路绞盘、浮平台等机构组成。井身为预制管节拼装，沉井井身外壁注入减摩泥浆，井口布置推进悬挂系统主动控制沉井下沉，井内采用水下机器人取土施工。

主要系统组成有:

图7-1 ACPP工法作业示意

（1）推进悬挂系统

在井口布置的推进悬挂系统主要由4组提压装置、压环和液压控制系统组成（图7-2），施工过程中，推进悬挂系统主动控制沉井井身下沉的速率和行程，保证沉井的下沉过程稳定。主动控制竖井挖掘系统将推进下沉和悬挂下沉两种工作模式合二为一，可提供最大压力为32兆帕、总推力1600吨及总提升力704吨。

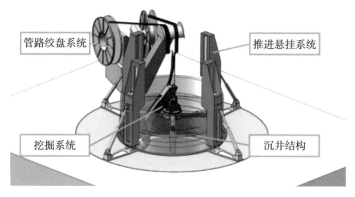

图7-2 ACPP工法主要组成系统

（2）水下挖掘系统

挖掘系统是一个水下机器人系统，整体设计满足水下100米工作能力。它的机械臂上安装了一台带挖掘功能的疏浚泵，利用一边挖掘、一边搅拌、一边抽吸的功能，进行沉井底部土体的开挖和渣土的排放（图7-3）。机器人应用了自动化的动作、姿态控制技术，能够实现自动开挖，同时也具备手动开挖功能。

（3）减摩泥浆系统

在沉井外壁注入减摩泥浆，减少下沉摩擦阻力，对沉井下沉起到助沉效

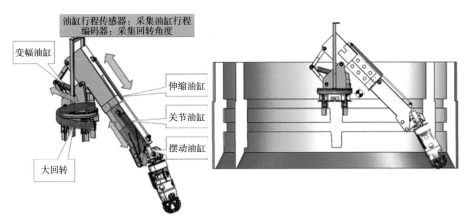

图7-3　ACPP工法水下挖掘系统

果，同时随着沉井下沉，泥浆套同步注浆补浆（图7-4）。

（4）拼装系统

沉井井身采用预制管节进行拼装，现场采用吊车吊装管片，并采用相应的辅助措施辅助管片拼装成环。

（5）可视化管理系统

施工操作采用了一套可视化系统，该系统集成了装备和施工的各项关键数据与信息，用可视化的方式向操作人员直观地表达施工情况。具有沉井结构参数模块、关键施工参数与施工进度模块、三维虚拟开挖模块、刀具挖掘轨迹模块、注浆模块、压力矢量模块、土体扰动模块、报警模块、辅助功能模块等，功能完备，便于施工操作（图7-5）。

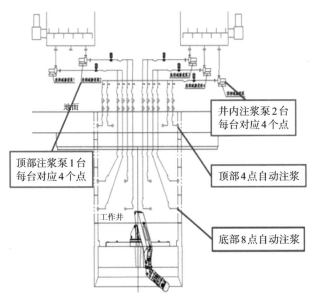

图7-4　ACPP工法减摩泥浆系统

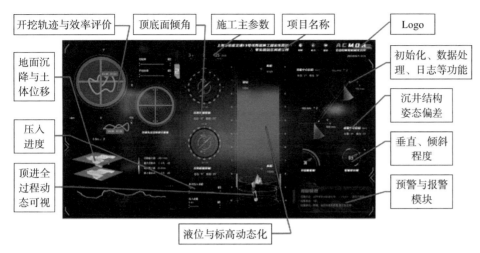

图7-5 ACPP工法可视化管理系统

主要工艺流程如下：

（1）施工准备。环梁下设4根抗拔桩，提供不小于800吨竖向反力，抗拔桩直径1米，桩长45米。刃脚与十字梁位于沉井底段，为一体结构，作为沉井基础，沉井下沉过程中直接与土体接触。刃脚环为现浇外包钢板，以钢板为外模，钢模上部开口，浇筑填充混凝土（图7-6）。

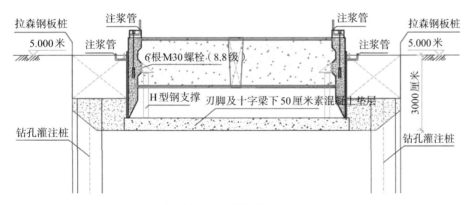

图7-6 沉井基坑剖面示意图

（2）泥浆套密封。沉井外侧存在泥浆套，泥浆套顶部需进行密封，可以达到泥浆套保压、防止触变泥浆外溢的目的。若不进行密封，易造成触变泥浆外溢，因此在环梁井口安装了帘布橡胶板装置。在沉井初沉后，将帘布橡胶板安装在环梁预埋的M16螺栓上，然后安装圆环法兰压板，使用M16螺母固定帘布橡胶板及圆环法兰压板。

（3）沉井初沉。待第一环管片安装完成及钢刃脚第二次浇筑混凝土达到设计强度后，在沉井管节上部安装压顶环，利用提升设备提升刃脚现浇段及第一环管片整体，安装取土设备。安装完成后拆除钢刃脚外侧搁置牛腿。利用取土设备挖除沉井内砂垫层，并利用提升压入设备缓慢压入刃脚十字梁与第一环管节，待十字梁接触素土土层后测量现浇段的垂直度和底端水平度。利用提升压入设备对沉井现阶段进行调整纠偏，使其井壁垂直，顶端水平，待沉井结构完成调直后利用管片上预埋钢板，安装牛腿搁置沉井结构（图7-7）。

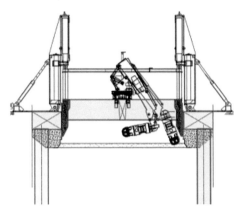

图7-7　初沉始发状态

（4）正常循环下沉取土。初沉完成，后续每次一环管节安装完成后，重新安装顶环，复位压入、提升设备，往沉井内注入清水，通过主机绞吸设备，将沉井范围内土体冲挖，并通过排泥管排泥。每次管节安装前打开压入提升设备导向架前，利用每块管片上的牛腿预埋件安装搁置牛腿，然后在牛腿下方安装千斤顶，起到临时搁置沉井的作用，待每环管节拼装完成后复位压入提升设备导向架，拆除搁置牛腿及千斤顶，进行下沉取土（图7-8）。

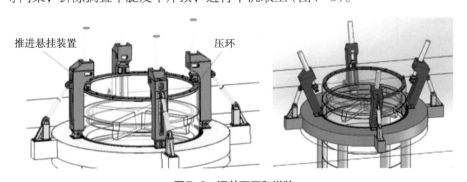

推进悬挂装置　　　　　　　　　压环

图7-8　沉井下压和拼装

（5）拼装管片。管片采用通用型，每环由4块管片组成，分为上小下大正梯形A型和上大下小倒梯形B型两种形式的管片，其中A型管片两块，B型管片两块。沉井环外径8700毫米、内径8000毫米，管片高度2000毫米、厚度350毫米。剪力销按螺栓孔对称布置，管片上、下端面各设置8个剪力销孔，每块管片共设置16个剪力销孔。管片采用梯形设计，正、倒置拼装，错缝22.5°拼装。管片拼装顺序为：A1→A3→B2→B4。管节之间环间纵向采用贯通式长螺栓进行连接，共计16根螺栓连接，满足井身连接与悬吊要求（图7-9）。

图7-9　管片拼装示意图

为满足管片拼装要求，在环梁上安装侧向油缸进行管片纵缝加压紧固。每环管片需4个侧向油缸进行加压紧固，因管片拼装需22.5°错缝拼装，为保证每环4块管片拼装过程中都能均匀受力紧固密封垫，所以在环梁上一圈设置8个侧向油缸，每环管片拼装仅启用其中4个油缸。每个侧向紧固油缸与压入油缸之间夹角为22.5°（图7-10）。

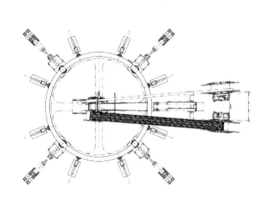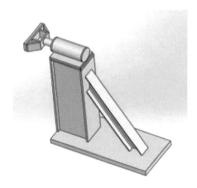

图7-10　管片环向预压

（6）终沉。沉井终沉取土施工在最后一环管节安装完成后，在一环管节上均匀安装8个DN351×25无缝热轧钢管，上下各焊接400×400毫米端板，高度2.3米的传力杆，管节竖向螺栓穿过传力杆，在传力杆安装完成之后安装压顶环。利用主动控制系统控制位移行程将沉井下沉至管节设计最终标高位置，再操控取土设备进行沉井开挖取土。待沉井自沉稳定后，推进悬吊系统悬吊井身，保持结构稳定，防止沉井突沉，然后进行井内清理施工，利用绞吸系统进行清底修理沉井锅底，清除井底浮泥。

3.主要技术性能和技术特点

本工程采用的主动控制竖井掘进设备系统是可用于各类地质条件下的全新竖井开挖设备。其主要设计理念是：

（1）下沉过程主动控制

可在地下水环境中作业，开挖与管片拼装交替进行，水下机械化开挖结合机械化助沉及侧壁减摩泥浆套保压注浆，实现主动控制下沉。主动控制沉井下沉速度与深度，可根据地层变化主动调整助沉压力和速率。

（2）开挖过程稳定

实时采集挖掘工况、下沉参数、井身姿态及环境监测等信息，实现沉井数字感知、智能控制、稳定下沉。主动控制竖井掘进工法掘进过程中，下沉沉井与地面上对称布置的推进悬挂系统相连，井内取土采用分层分块对称取土，过程中取土纠偏确保沉井下沉垂直，井壁管片外侧注入触变泥浆减少下沉摩阻。同时，开挖过程中，井内、外地下水压保持平衡，多自由度机械臂配合专用绞吸头，可全覆盖开挖。通过轨迹编程，实现自动开挖，进一步确保开挖过程结构变形和周边环境稳定受控。

（3）围护形式多样化

根据竖井周边地质条件，井壁可采用预制混凝土管片、现浇混凝土和钢管片。

（4）适用性广泛

主动控制竖井掘进工法建设场地条件受限小，地质条件适用范围广。

4.适用范围或应用条件

ACPP工法适用断面广、环境影响小、施工用地少。针对不同形状与大小的断面需求，水下开挖机器人通过多机联合作业，可实现大断面（矩形、双圆等任意断面）深竖井结构施工，通用性强，易拓展。

5.已应用情况

上海轨道交通13号线西延伸运乐路站—季乐路站区间幸乐路逃生井：内径8米，外径8.7米，管片壁厚350毫米，深28.1米，由5根直径1米桩基及顶部环梁形成反力系统，底部设十字梁，素混凝土封底厚度2米。井位基坑开挖土层明细：①1层人工填土；②1层褐黄—灰黄色粉质黏土；③3-1层灰黄—灰色黏质粉土；④灰色淤泥质粉质黏土；⑤灰色黏土；⑥1层灰色黏土；⑦黏土。

7.2.1.2 钢支撑速降闪撑技术

1.技术背景

根据统计数据，基坑工程测斜与基坑钢支撑安装的时间呈正比关系。钢支撑安装—轴力施加阶段是控制整个变形的关键，但其时间受现场工况和工艺内部因素影响较大。因此，有必要研发一套速降支撑体系，以解决常规钢支撑架设时间较长的问题。这样的速降支撑体系能够大幅缩短钢支撑安装—轴力施加时间，提高施工效率和缩短工期，解决深基坑施工中的支撑困难和效率低下的问题，减少基坑施工过程中无支撑暴露时间，有效控制或减小施工期间的基坑变形，对超深基坑施工期环境保护和工程安全具有重大意义。

2.技术内容

狭长形深基坑速降闪撑系统是在常规支撑的基础上引入了机械装置对成榀钢支撑进行快速下放、提前主动支护的施工技术。该技术可大量减少基坑无支撑暴露时间，有效控制基坑变形。具有滑降快速、安全可靠、灵活布置和经济效益的特点。

狭长形深基坑速降闪撑系统由成榀快速支撑系统、竖向吊放系统和智能操作系统组成（图7-11～图7-14）。

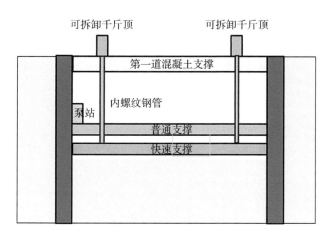

图7-11　速降闪撑技术示意图

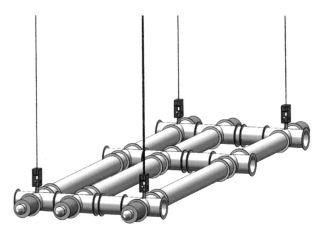

图7-12　预支撑模块示意图

图7-13　滑降模块示意图

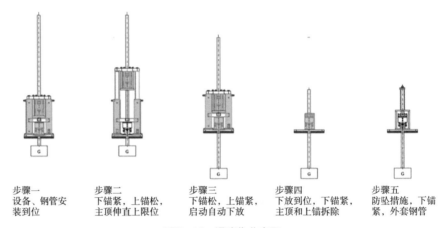

步骤一
设备、钢管安装到位

步骤二
下锚紧，上锚松，主顶伸直上限位

步骤三
下锚松，上锚紧，启动自动下放

步骤四
下放到位，下锚紧，主顶和上锚拆除

步骤五
防坠措施，下锚紧，外套钢管

图7-14　滑降作业步骤

3.主要技术性能和技术特点

钢支撑速降闪撑技术的技术优势主要体现在以下几个方面：

（1）快速安装：成品支撑下放，缩短钢支撑拼装、施加轴力时间，相比传统方法，可以节省大量的施工时间。

（2）提高安全性：液压伺服系统，轴力、位移双控基坑变形，能够提供足够的支撑力，确保基坑的稳定性，提高施工的安全性。

（3）调整灵活：可拆卸式千斤顶，减少挖土影响，闪撑装置的长度可以根据实际需要进行调整，能够实现对钢支撑高度的精确控制，提高施工的准确性和灵活性。

（4）经济效益：该技术能够大幅度缩短基坑施工周期，减少施工成本和资源消耗，提高经济效益。

4.适用范围或应用条件

狭长形速降闪撑深基坑系统的钢支撑模块化安装，主要适用于形状规则的长条形基坑。

5.已应用情况

狭长形深基坑速降闪撑系统应用于上海轨道交通21号线杨高北路站9~11轴区域。杨高北路站车站主体总长度170米（内净），标准段宽度21.6米（内净），标准段基坑深度约28.20米，设置7道支撑，第一、三、五道为钢筋混凝土支撑，其余为钢支撑。从钢支撑组滑降到轴力施加完成比常规钢支撑可节约90%以上无支撑暴露时间。采用狭长形深基坑速降闪撑系统的基坑变形较未采用该系统的变形可减少25%~50%（图7-15）。

图7-15 速降闪撑安装效果

7.2.1.3 地铁车站内衬墙附着式振捣智能控制装置与技术

1.技术背景

传统地铁车站侧墙浇筑混凝土施工作业，多采用人工浇捣，由于侧墙高度一般为4~5米，长度达到20~25米，工人需在高空作业平台反复提起和落下振捣棒对混凝土振捣。工人劳动强度大，且质量难以保证，经常出现漏振、不振情况，导致混凝土表面出现蜂窝、麻面、气孔、渗漏等质量问题。因此对地铁车站侧墙混凝土振捣采用附着式振捣结合数控技术实现机械化可控式振捣，提高混凝土浇筑质量。

2.技术内容

内衬墙附着式振捣智能控制技术及装置主要由安装在内衬墙钢模外侧的附着式振捣器、安装在内衬墙钢模上部的液位传感器及智能控制柜构成。其中液位传感器负责实时监测混凝土浇筑液位，触发设定液位后，由控制柜自动开启各组振捣器，振捣至设定时长后自动停止，实现混凝土浇筑过程竖向分层、横向分组的分布式振捣。当内衬墙混凝土浇筑完成后按设定的时间循环进行全自动整体复振，确保混凝土振捣至足够均匀密实（图7-16）。

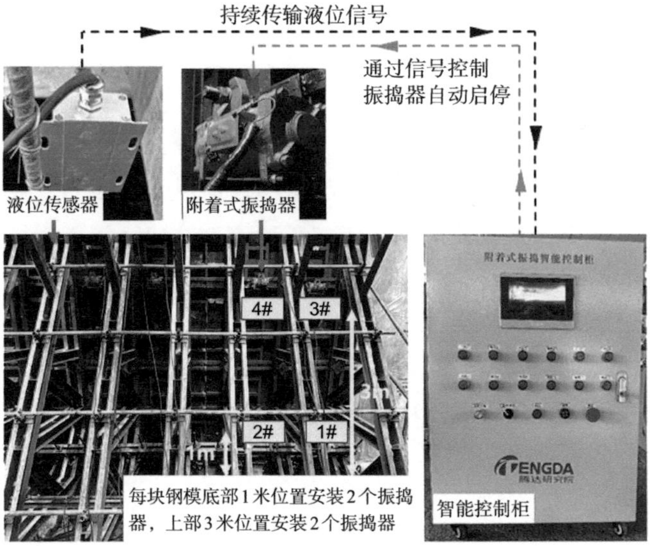

图7-16　附着式振捣智能控制装置原理图

3.主要技术性能和技术特点

基于智能控制的内衬墙附着式振捣施工技术采用智能振捣控制装置，振捣全过程均为自动化机械作业，可以大大降低由于人工振捣的不确定性而导致的振捣点密度不足、振捣时长不足等问题，对混凝土振捣质量具有一定保障，减少内衬墙后期裂缝修补费用，实现对施工投入的有效控制，降低相应的工程费用。振捣设备一次投入后可以反复周转使用，减少了振捣工人费用，具有较好的经济性。

应用智能振捣施工技术后的内衬墙混凝土表观气泡率降低88.4%～94%，通过超声波速反应的内部密实度提升约41%，避免内衬墙后期出现开裂、渗漏采用污染环境的修补剂，具有一定的节能环保效益。同时能避免振捣工人提拔振捣棒的反复振捣作业，有效预防振捣工人"手臂振动病"。

随着智能建造技术日益成熟，未来需要进一步推进振捣技术与装备创新，总结现有技术成果，提高施工效率与质量，逐步实现振捣精准化、无人化、智能化施工。

附着式振捣工艺具有以下特点：

（1）采用模块化设计，适应不同尺寸地下车站内衬墙的混凝土振捣。

（2）可根据混凝土浇筑液位实时分层、分区控制振捣器的启停，适应复杂的浇筑工况。

（3）采用时序逻辑控制，可实现多模板振捣器时间序列下实时动态响应。

（4）采用分布式并行控制策略，单点可控制多台附着式振捣器，大大减少了控制系统的规模，优化了现场布线。

4. 适用范围或应用条件

适用于各类尺寸的地下车站内衬墙钢模振捣施工，也可用于隧道衬砌、桥梁等领域采用钢模板的混凝土现浇结构。

5. 已应用情况

在上海轨道交通21号线一期工程土建10标东靖路站地下二层车站中的内衬墙结构应用了附着式振捣智能控制系统技术，附着式振捣器作用下的内衬墙混凝土均匀且密实，另外，混凝土外观气泡数量较插入式振捣器明显减少，因此附着式振捣智能控制系统能大幅度提升内衬墙混凝土结构的施工质量（图7-17）。

图7-17　21号线东靖路内衬墙施工照片

7.2.2　南珠中城际

7.2.2.1　智能多层互剪搅拌桩（CS-DSM）施工技术

1. 技术背景

沿海地区广泛分布深厚软土地基，工程性质极其不良：含水率高、压缩性大、强度低、灵敏度高等，深厚软土地基处理和基坑支护工程造价高。水泥土双向搅拌桩广泛应用于高速公路软基处理工程，虽具有施工简单、快速、成本低等优点，但长期的工程实践表明，目前的水泥土双向搅拌桩施工设备存在功率小、稳定性差，且搅拌钻头是平直形式，搅拌施工时土体不能互剪，导致搅拌均匀性较差，软土处理深度10米以内时桩身强度尚可，但深度超过10米时，桩身强度就难以满足设计等问题。

国产装备目前在国产二代时期，在搅拌桩装备的高端化和智能化领域国内外差距巨大，代差为20年。施工装备制造发展大趋势：提高装备数字化、智能化、可视化水平，提升传感精度、工程安全与工作效率，逐步无人化。

2.技术内容

智能多层互剪搅拌桩工法（Contra-rotational Shear Deep Soil Mixing Method,CS-DSM工法）采用大扭矩单轴同心双层钻杆结构，动力系统带动外钻杆上的框架及搅拌翼板和内钻杆上的钻掘及搅拌翼板，通过搅拌翼板多层双向旋转剪切搅拌，使固化剂与土体形成高质量搅拌桩。

成套新技术体系涵盖了大扭矩搅拌桩施工钻机、多层互剪搅拌钻具、智能测控系统和CS-DSM工法。

（1）施工流程

利用同轴双层钻杆结构和框架式多层互剪搅拌钻具相对旋转、通过多层互剪技术充分搅拌固化材料和原位土体，形成均匀性好、强度高的大深度大直径搅拌桩；应用智能测控系统能够确保施工质量的可控可靠性。CS-DSM搅拌桩技术攻克了深厚软土地层中传统搅拌桩施工中存在的糊钻、冒浆、工效低、强度低、质量差、材料浪费等技术难题（图7-18）。

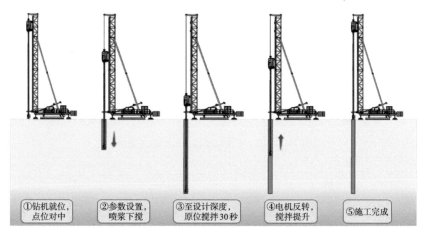

①钻机就位，　②参数设置，　③至设计深度，　④电机反转，　⑤施工完成
点位对中　　喷浆下搅　　原位搅拌30秒　搅拌提升

图7-18　CS-DSM搅拌桩施工工艺流程

与传统搅拌桩相比，CS-DSM搅拌桩技术可缩短工期40%，提高桩身强度30%以上，降低成本5%～10%；充分展现出CS-DSM搅拌桩技术的多、快、好、省的优异特性。

（2）数字化智能测控系统

本地实时显示：①倾角数据；②深度信息；③用浆量信息；④实时电流、电压、用电量；⑤每半米用浆量、搅拌时间。

云平台远程显示:①同步显示本地信息;②显示项目信息;③保存成桩信息(图7-19)。

图7-19 数字化智能测控系统

(3)主要技术成效

智能多层互剪搅拌桩工法实现了:

①搅拌均匀性及较高的桩身强度;

②可根治糊钻及地表冒浆问题;

③降低水泥固化剂用量并使大直径、大深度、硬土层搅拌桩施工成为可能;

④在同等条件下,采用两搅一喷工艺,工期缩短40%,桩身强度和单桩承载力提高30%以上,同时可降低工程造价。

3.主要技术性能和技术特点

(1)钻机可施工大直径、大深度搅拌桩

装配电动或液压驱动大扭矩动力头,钻机施工最大深度35米;施工桩径:500~2000毫米。

(2)钻具钻掘功能强大

可穿越硬质夹层框架式多层互剪搅拌钻具功能强大,可穿越硬质夹层,新型搅拌桩技术具有极大的地层适应性。

(3)桩身搅拌均匀性好、强度高

CS-DSM搅拌桩施工时,每延米翼板搅拌次数≥800次,远高于美日欧技术标准要求的T=450,从而使CS-DSM搅拌桩强度大幅度提升。

(4)应用智能测控系统,施工质量可控可靠

配备智能自动化制浆后台、智能变频喷浆控制系统、可视化施工监控平台以及云平台,实现水泥浆上料、配料、称重、搅拌、放浆、输送全过程的自动化循环功能,保障水泥浆质量和制作效率。能够在水泥搅拌桩施工过程中切换

水灰比，实现成桩施工参数全过程监管与核心工艺控制，减少人为因素影响，使施工质量大幅提高。

（5）采集搅拌桩数字化智能信息采集传输系统中的深度、用浆量等关键数据，实现后台和前台的数据连通，使后台操作工人能够及时了解桩机施工进程和状态，及时对多用途水泥浆自动化智能搅拌系统进行管理、控制。在施工过程中实时地将施工关键数据上传至云平台上，可以在云平台上实现对水泥搅拌桩的施工全过程管理、协同研发设计、施工质量检测、企业运营决策和设备预测性维护，从而保障成桩质量、减少资源的浪费和加快项目进度。

（6）同等质量条件下，工效更高，造价更低。CS-DSM搅拌桩技术采用"两搅一喷下钻喷浆"工艺替代传统搅拌桩施工的"四搅两喷"工艺，可大幅度减少工期、节省固化材料、降低造价。

4.适用范围或应用条件

适用于素填土、冲填土、淤泥、淤泥质土、黏性土、粉土、砂土等土层；当用于有机物含量较高、pH值较低及地下水有侵蚀性时，应通过室内配比试验及现场试验确定适用性。可应用于建筑、交通、市政、水利、港口等领域中的工程地基处理以及环境岩土领域的污染土的封堵隔处理，满足临时或永久性工程中的加固、支承、支挡、止水以及隔离等需要。

5.已应用情况

南沙至珠海（中山）城际万顷沙至兴中段项目，新建正线47.6公里，其中桥梁段4.8公里、隧道段42.8公里。本次试验根据设计要求选取软基处理加固最深深度47.1米，共打3组试验桩，每组4根，深层搅拌法（湿法）成桩。使用水灰比0.55，水泥掺入比15%、18%、20%，桩径1000毫米。钻芯法检测结果如图7-20、图7-21所示。

图7-20　取芯结果

图7-21　21天取芯结果

7.2.3 广州地铁

7.2.3.1 机械法竖井施工技术

1.技术背景

竖井是地下空间开发最常见结构之一，在密集房屋建筑群和交通繁忙的区域施工竖井，随着环境污染和人身安全问题得到重视，对施工质量控制有极高的要求。因此，在如何保证竖井施工精度的同时，减少污染、提高施工效率、增强地质适应性、自动监测建设和机械化程度，实现地下竖井建设中打井不下井、施工快速的目的，成为深基坑竖井施工亟待解决的难题。

传统竖井建造主要采用人工或半机械的开挖方式施工，支护形式以"围护＋支撑结构"及喷锚支护为主，存在场地占用多、环境影响大、施工效率低、造价成本高等问题，采用机械设备开挖，以装配式管片作为支护结构，可实现竖井安全、绿色、经济、智能建造。

克服了竖井超挖、基坑塌陷、周边地层沉降等难点。形成整套垂直机械法竖井施工技术，成功应用于广州东至花都天贵城际项目二工区土建工程2#盾构井施工，并实现了良好的经济效益与社会效益。

2.技术内容

（1）通过对竖井进行机械化开挖与支护，实现机械自动化施工，提高开挖精度和开挖速度，缩短施工工期，实现开挖、出渣、支护同步作业。本工法结构紧凑，集成化程度较高，降低施工成本，具有较高的市场价值和推广价值。

（2）采用井内不排水的开挖工艺和预制拼装工艺，无须施作围护结构，大大降低围护结构费用，减少了对周边环境的影响，实现缩短施工周期和降低施工成本的"双减"目标。

（3）实现井下无人地面少人作业，利用泥浆平衡竖井水压，在井底无井筒位置起到护臂防止坍塌作用，严控周边沉降，大幅提高竖井施工的安全性。

（4）沉井式竖井掘进机采用截削式刀头直接开挖，克服了滚筒截齿磨损更换、滚筒格栅堵塞补焊、井筒内部大块石头滞排等问题，避免了竖井超挖、基坑塌陷、周边地层沉降、竖井掘进机刀头受损等风险。

（5）采用多刀盘自传+公转包络成形全断面切割掘进原理进行竖井掘进，可实现全地层掘进施工，提高施工效率和机械化程度。

（6）采用液压提升系统在掘进时对钢筋混凝土预制井筒管片进行提吊下放，完成竖井主体支护结构的构筑，可很好地保障沉井姿态和下放速度，使井筒平稳提升或下沉，速度可调，操作简单，调节精度高，有利于减小施工误差和保证施工安全。

（7）利用自动化监测仪器监测竖井施工中沉井结构及其对水土压力及周边环境的影响，减小人工监测的施工风险，监测方法自动化、智能化程度高，监测数据采集及时、采集频率高，能实时反映施工状态下各结构物及周边环境的变化，更好地进行风险防控，保障安全。

（8）自动化、智能化监测云平台有效加强监测与施工的结合，实施自动化、智能化施工。

3.主要技术性能和技术特点

（1）采用掘削式刀头和环形刀盘两种开挖模式，并集合了泥浆环流出渣系统、中心高压冲刷系统、掘进参数在线实时监测系统等先进技术，克服了地层岩性起伏大、周边沉降控制要求高等技术难题（图7-22、图7-23）。

（2）利用泥水平衡严控周边沉降，无须施作围护结构，缩短施工周期，提高施工效率和监测精度，降低沉井成本。

（3）通过数控技术控制结合自动监测数据，保证竖井下沉垂直度、平衡度和可靠性，实现竖井平稳推进。

（4）针对不同地层，适应性转换三种韧脚支护掘进模式，应用预制装配式快速定位拼装竖井施工技术，保障掘进的安全和高效，水下混凝土封底采用环槽循环浇筑方式，能够改善混凝土水下浇筑抗浮难问题。

4.适用范围或应用条件

井筒穿过的表土和基岩层稳固、含水量小时，可采用普通法施工。当井筒穿过的表土层不稳固、含水量较大，或穿过的基岩层虽稳固但含水量很大，需

图7-22　掘削式刀头

要采取特殊的施工措施时，宜采用特殊施工法。因此机械法竖井施工更适用于地质条件相对稳定，且含水量适中的情况。

适用于地层范围为软土和60兆帕强度以下的岩石等地质条件相对稳定、含水量适中的竖井施工，对施工效率、成本控制有较高要求，且必须确保施工安全的情况。如盾构始发、接收竖井、采矿竖井、水利工程竖井、隧道通风竖井、地下防御工事竖井等施工。

5.已应用情况

广州东至花都天贵城际项目二工区土建工程2号盾构井施工。

图7-23　掘削式刀头

7.2.3.2 大直径组合顶管施工技术

1.技术背景

广州地铁三号线东延段海傍站总长559米,车站主体从大鹏燃气管、中石化输油管、广州燃气管三根大管下方穿过,管线迁改周期较长,且不可控因素较多,严重影响地铁项目建设。对此考虑"三条大管段"由明挖改为顶管法施工,能够有效控制管道沉降,减小施工对管道的影响,顶管通道长度左线为48.5米,右线为52.5米(图7-24)。

图7-24 海傍站平面示意图

顶管段地质由上至下分别为填土层<1-2>、淤泥层<2-1A>、淤泥质土层<2-1B>、粉质黏土层<4N-2>、残积土层<5N1>等;稳定水位埋深0.50～4.0米,淤泥及淤泥质土层较厚;顶管通道施工掘进范围位于粉质黏土层。

2.技术内容

站台顶管段覆土约9.7米,顶部距离大鹏燃气管为6.2米,国家管网输油管为6.5米,广州燃气管为6.5米(图7-25)。

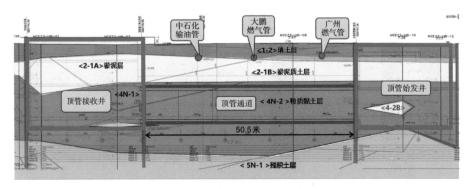

图7-25 顶管施工纵断面示意图

顶管段采用双顶管通道,顶管净距1.5米,每孔顶管截面外包尺寸为11.1米×8.1米,采用C50预制钢筋混凝土管,抗渗等级为P10(图7-26)。

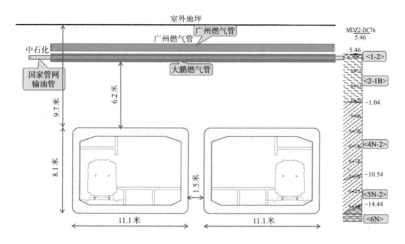

图7-26　顶管施工纵断面示意图

3.主要技术性能和技术特点

(1)技术性能:

①11.1米×8.1米国内最大断面泥水平衡矩形顶管机;

②采用"中心大刀盘+4角仿矩形刀盘",切削率95%,盲区小;

③中心大刀盘具备改造功能,可以改造成6～8米直径圆形顶管机;

④外壁仅扩大10毫米,薄壁注浆,减少沉降;

⑤12个高压清水孔,应对黏土层;

⑥智能化水平高,研发"云监控系统"(图7-27、图7-28)。

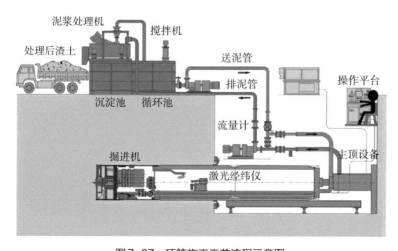

图7-27　顶管施工工艺流程示意图

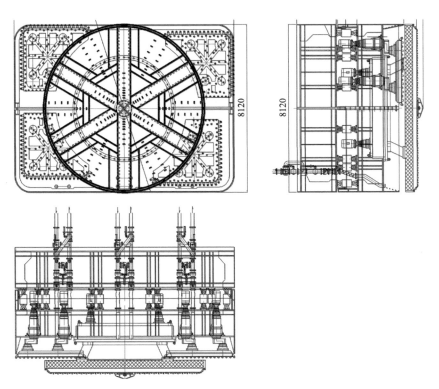

图7-28　顶管刀盘示意图

（2）技术特点：

①主动、快速地进行土体改良；

②仓内压力波动范围小，控制精度高；

③避免"背土"现象；

④地层的扰动小，地面及管线沉降可控。

4.适用范围或应用条件

（1）可有效缓解或解决制约繁华城区地下轨道交通建设与城市环境、经济发展、社会和谐的矛盾。取得在大型管线等复杂条件下高效、高质量、低碳建设的技术效果。

（2）在地面条件受限、周边有重要建（构）筑物、管线搬迁困难时，车站实施工期与开通目标工期无法匹配，甚至短期无法实施，采用顶管法建造是有效的解决方案之一。

（3）区间及配线段结合地层情况，在地面条件复杂的情况下可参考实施。

（4）伴随着建筑装备的发展，未来新型机械法车站将成为复杂环境下轨道交通车站建设新的趋势。

5.已应用情况

广州地铁三号线东延段海傍站。

7.2.4 上海市域铁路机场联络线

大盾构隧道全预制智能化施工技术：

1.技术背景

根据《国务院办公厅关于大力发展装配式建筑的指导意见》（国办发〔2016〕71号）：牢固树立和贯彻落实创新、协调、绿色、开放、共享的发展理念，按照适用、经济、安全、绿色、美观的要求，推动建造方式创新，大力发展装配式混凝土建筑和钢结构建筑。

上海市域铁路机场联络线工程根据自身特点和需求，实现了大直径盾构隧道内部结构全预制化集约设计和高水平高质量智能建造。

2.技术内容

机场联络线全预制结构顶部节点经过前期调研，分析总结顶部节点需要解决以下问题：共振问题、施工与运营期间盾构收敛变形问题、疲劳问题、运营风险问题及节点耐久性问题等。主要措施有：

（1）以顶部水平约束设计，解决疲劳对牛腿及螺栓损伤问题。

（2）以竖向先柔后刚约束，解决椭圆度问题，解决中隔墙连接螺栓局部失效、顶部牛腿局部失效问题。

（3）以工厂化预制整体牛腿特殊设计，解决钢结构耐火耐腐蚀问题，解决焊缝高空作业问题。

（4）以螺栓内置设计，解决运营期间螺栓掉落问题。

（5）内置枕梁：解决顶部结构抗剪问题，预防共振问题，加强中隔墙整体抗变形能力。最终机场线大隧道断面创新设计如图7-29所示。

（6）研发预制构件拼装机器人，提高隧道内二次结构预制装配化率。

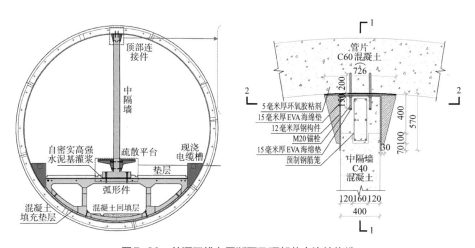

图7-29　单洞双线布置断面及顶部节点连接构造

3.主要技术性能和技术特点

（1）构件性能试验

基于机场线最不利工况，通过1:1足尺试验，分析中隔墙受列车风疲劳荷载作用下顶部节点及底部节点应力特性及中隔墙稳定性。盾构管片结构整体受力试验。基于机场线最不利工况，通过1:10缩尺模型试验分析盾构管片结构整体受力的稳定性和结构变形特征（图7-30、图7-31）。

图7-30　加载装置图　　　　　图7-31　顶部节点荷载转换

机场线中隔墙顶部结构作为创新结构形式应作消防耐火性能试验。燃烧参数：5分钟内温度升至1200℃，持续时间120分钟，然后按照标准规定降温，降温时间110分钟后结束试验。判断指标：中隔墙不发生倒塌、开裂等；中隔墙与连接件间不出现窜火；中隔墙连接件无损毁现象；化学锚栓不断裂（见图7-32）。

图7-32　燃烧前后对比图

（2）构件智能拼装

机场联络线工程首创了隧道测量技术和装备技术相融合的测量技术，将测量体系通过控制网双支导线传至弧形构件的安装设备上，通过隧道拟合轴线与设计轴线的自动校核，解决了弧形件构件安装时的累积误差，实现了预制构件的高精度安装（图7-33）。

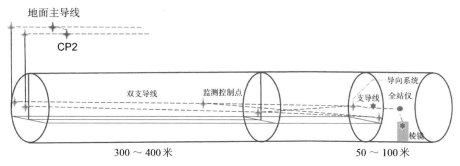

图7-33　测量体系自动检核原理

（3）同步施工组织创新

预制构件弧形件和中隔墙采用了同步安装，模式有3种，其中机场线2标、7标、8标和11标采用了弧形构件同步安装模式1，机场线3标第一个盾构区间采用了独立台车＋起吊驳运模式2，机场线3标第二个区间和机场线5标采用了盾构机同步施工后挂模式3。模式1同步施工物流运输效率最高，交通组织最科学合理（图7-34）。

图7-34　大盾构施工组织示意图

（4）智能拼装设备研发

自主研发出弧形构件和中隔墙的智能安装设备，并投入使用，智能安装设备的安装精度均达到毫米级，弧形构件和中隔墙平均安装速度分别为43分钟/块和38分钟/块，视觉识别、精调机构、传感感知技术和自动排版等智能技术既满足了高精度要求，又提高了安装效率。

①弧形构件装备研发及应用

图7-35为机场线02标段的弧形构件安装设备和现场安装图。该设备由支腿撑靴、行走滑靴、微调机构总成、步进油缸、步进撑靴、电液控制系统等组成，采用3D相机视觉功能检测技术获取待拼装和已拼装弧形构件姿态位置信息，通过远程控制模块程序精准计算，利用电液伺服控制技术控制微调机构动作行程，实现对弧形构件6个自由度的姿态调整与最终定位。

图7-36为机场线11标段的弧形构件安装设备和现场安装图。设备采用双

图7-35 机场线02标段弧形构件安装设备和现场安装图

框架式步进结构设计，外形尺寸6530毫米×3200毫米×2609毫米，自重35吨，由主机架、副机架、微调平台、液压系统及智能控制系统等组成。该智能拼装机器人集成了自动感知与检测、视觉识别相机、智能算法、自动决策、动作执行、人机交互等智能技术，实现了大型预制构件一键智能拼装，机械臂拼装精度达0.5毫米，弧形件每块拼装平均耗时22分钟。

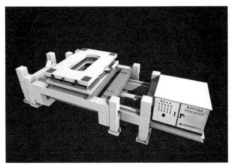

图7-36 机场线11标段弧形构件安装设备和现场安装图

图7-37为机场线08标段的弧形构件安装精调设备和现场安装图。弧形件精调机整体结构采用步进式结构，整机微调功能采用多执行机构，同比例闭环液控系统，可实现对弧形件的六自由度调整功能，拼装精度可控制在毫米级，通过盾构机上的C形吊具将弧形件卸车，初步就位，位置控制在10厘米范围内。弧形件精调机平移至弧形件内，顶升弧形件，将错台、轴线、俯仰调整到控制范围内，然后通过下部四个调节螺栓支撑到管片上，完成弧形件的拼装。设备主要由主机大架和下车滑架实现交替步进行走，在行走过程中上车和下车支腿交替支撑在管片内弧面上，可防止设备在拼装弧形件时，对已拼装完成的弧形件产生影响。大架上部设计有三个三维油缸通过液电系统复合控制，实现了弧形件X、Y、Z、α、β、γ六自由度调节功能。弧形件初步就位后，可通过该设备对弧形件进行精调拼装，盾构机在推进及管片拼装过程中均可进行弧形

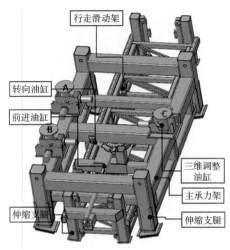

图7-37 机场线08标段弧形构件安装精调设备和现场安装图

件的精调，不影响管片运输和吊装时间。

②中隔墙装备研发及应用

图7-38为机场线02标段的中隔墙安装设备和现场安装图。该设备主要由行走机构、中隔墙拼装机构、车架、辅助机械臂、吊机、电气柜、液压泵站等组成。该装备采用高精度电液比例控制技术和3D相机自动测量技术，主机械臂与微调油缸可实现对中隔墙6个自由度方向的高精度拼装和定位调整。辅助机械臂及可移动滑轨能实现顶部连接件的快速抓取拼装。

图7-38 机场线02标段中隔墙安装设备和现场安装图

图7-39为机场线11标段的中隔墙安装设备和现场安装图。采用穿行式大净空设计，保证水平运输车辆正常通行，设备外形尺寸11576×4350×6185毫米，主要由主架总成、抓取机构、伸缩机构、旋转机构、平移机构、行走系统、液压系统、智能控制系统及工作平台等部分组成，自重80吨，集成了自动感知与检测、视觉识别相机、智能算法等智能技术，实现了中隔墙一键智能拼装，精度达0.5毫米，中隔墙每块拼装平均耗时38分钟。

图7-39　机场线11标段中隔墙安装设备和现场安装图

图7-40为机场线08标段的中隔墙安装设备和现场安装图。拼装机由行走系统、顶升系统、夹取系统、翻转系统、平移系统、摆动系统、旋转系统、顶部连接件机械手等组成。其中顶升系统用来举升立柱顶升装置，从而带动翻转架上升下降；翻转系统用来实现翻转架在0°～90°范围内翻转；横移、摆动、微转、用于调整翻转架上夹具的位置状态，实现中隔墙对位；登高平台伸缩、变幅可以实现登高平台的升降和变幅动作，便于作业人员施作中隔墙的墙间螺栓。顶部连接件机械手单独具备六自由度调节功能，防止顶部连接件在顶升过程中由于左右受力不均，而产生卡墙现象。设备各个系统均采用液压驱动，保证各动作均具有微动调节功能，能够提高拼装精度。采用此拼装机可实现中隔墙快速定位、拼装，为施工安装过程中与隧道内水平运输时间错开提供条件，可保证隧道内水平盾构推进进度不受影响。

图7-40　机场线08标段中隔墙安装设备和现场安装图

4.适用范围或应用条件

大直径圆隧道内部结构主体由下部弧形构件、下侧混凝土填充、两侧电缆槽、中隔墙、中隔墙顶部钢结构节点组成。其中,下部弧形构件、中隔墙、中隔墙顶部钢结构节点采用预制拼装施工工艺,内部结构预制率接近100%,根据不同直径的单洞双线大盾构隧道内部二次结构如中隔墙、弧形件,针对性研发拼装机器人,具有良好的适应性。

5.已应用情况

上海市市域铁路机场联络线。

7.2.5 哈尔滨地铁

叠合装配式结构地铁车站新型建造综合技术:

1.技术背景

哈尔滨地铁施工为了攻克严寒且漫长的气候环境、狭窄且局促的场地条件、日益老龄化且零散的务工队伍等制约瓶颈,同时改变地铁明挖车站工程建设传统的劳动密集型粗放式管理现状,促进城市轨道交通建设行业转型升级和持续健康发展,本着"创新、协调、绿色"的管理理念,基于现有场地、常规机械及配备设施等,开创性提出了叠合装配式结构地铁车站新型建造综合技术。实现了设计、生产、施工、检测、验收等全专业、全阶段的一体化综合管理。

2.技术内容

(1)工程概况

哈尔滨地铁3号线丁香公园站紧邻松花江,位于河漫滩富水砂层区,地下水位位于地面下2米。车站为地下两层站,最大埋深约18米,车站总长266米,预制长度237米(图7-41)。

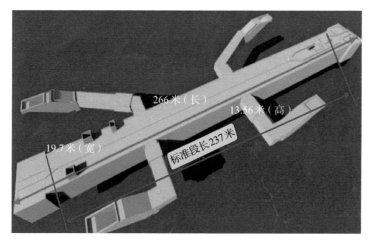

图7-41 丁香公园站示意图

（2）预制范围及构件特征

车站除盾构端头井、板墙开孔处、孔边梁或孔边柱位置以外，其余范围均采用叠合预制形式作业（图7-42）。

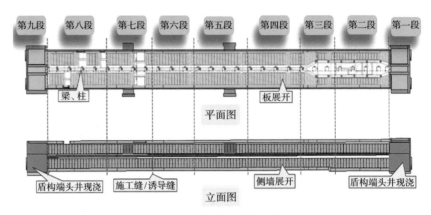

图7-42　结构分段分块示意图

结构侧墙、中板、顶板均带桁架筋单面预制，上排热风道结构整体"U"形预制（图7-43）。

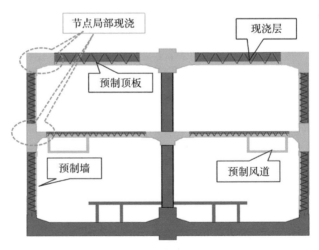

图7-43　结构横剖面装配和现浇划分示意图

（3）预制构件尺寸确定原则及构件参数（图7-44）

①预制构件尺寸确定原则

a.作业空间：拼装空间满足施工要求。

b.围护结构：车站内支撑不影响预制构件拼装。

c.承载需求：预制构件满足施工阶段受力要求。

d.运输条件：城市繁华道路满足预制构件运输要求。

e.吊装能力：采用常规设备吊运。

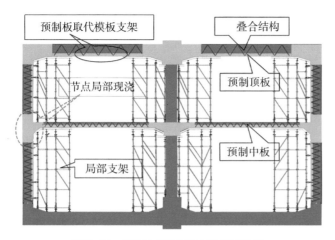

图7-44　模板支撑体系搭设构建示意图

f.安装工艺：方便安装，无须特种设备。

g.工厂模具：尺寸统一，减少模具投入。

②构件参数

a.预制块标准宽度约2米。

b.顶/中板预制块厚度0.2/0.15米。

c.侧墙预制块厚度0.12米。

d.轨顶风道整体"U"形预制，节段长度2.0米。

e.预制构件最大重量6.4吨（图7-45）。

图7-45　预制构件及现场安装图

（4）关键工序

侧墙底部限位卡具安装→侧墙主筋及灌浆套筒限位→底板钢筋绑扎与现浇→侧墙预制构件拼装与固定→侧墙芯部混凝土浇筑→局部盘扣支架打设→中板预制构件拼装→中板叠合层钢筋绑扎与混凝土浇筑→负一层结构拼装作业→上排热风道预制构件安装→站台板施工。

①叠合装配式车站施工总体流程如图7-46所示：

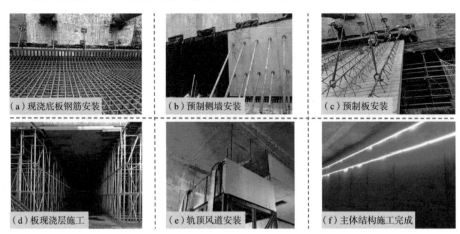

图7-46　叠合装配式车站施工总体流程图

②应用场景整体流程展示如图7-47所示：

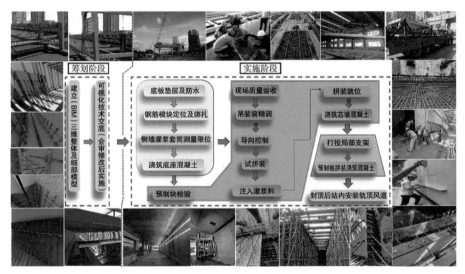

图7-47　应用场景整体流程图

3.主要技术性能和技术特点

（1）主要技术性能

本技术综合吸收了预制构件装配便捷性和传统现浇结构整体性的优点，通过对叠合结构、预制工艺、装配式工法的有机整合，完全自主创新研发，契合国家关于建筑业"工业化、信息化、智慧化、绿色"的高质量发展要求。

通过对叠合装配式结构施工阶段、使用阶段两阶段受力分析，分别为：施工阶段对桁架筋预制板承载能力、变形、裂缝等进行多角度分析评价；使用阶段对叠合结构整体受力、变形分析，叠合结构板缝受剪承载力及变形评估，叠合结构应力应变现场监测分析。得出"叠合结构施工阶段结构安全可靠、使用阶段性能与传统全现浇结构相同"结论。

此外，防水设计与传统现浇防水工艺一致，即结构自防水为主、全外包防水为辅的原则，并通过叠合层微膨胀超流态自密实混凝土的研究与应用，施工缝及预制构件拼缝接缝防水措施的加强，防水质量较传统全现浇工艺有显著提升。

（2）技术特点

①节约工期：叠合预制装配工法工效高，比传统现浇工法节约3.5个月。

②工程成本低：与其他类型装配式方案相比最经济，较传统全现浇车站工程费用略有增幅。

③结构耐久性强：该方案结构整体性好，基本可消除渗漏水通病。

④施工安全性高：预制构件尺寸小且规则、重量轻，采用常规设备拼装，作业人员减少，施工风险降低。

⑤质量品质高：构件工厂化预制，表面平整度、光洁度、外观质量好，可简化装修。

⑥适应性强：构件轻量化预制，场地需求小，便于运输与安装，适用所有基坑支护形式。

⑦绿色低碳：一座地下车站可减少1252.43吨碳排放，约占总碳排的3%，文明施工及环保程度高。

4.适用范围或应用条件

该建造技术构件轻量化预制、场地需求小、采用常规设备吊运与拼装，可降低安全风险、可消除渗漏水等质量通病、可减少资源消耗与浪费、可有效缩短工期，工程成本最低，适用于所有基坑支护形式，在城市轨道交通地铁地下车站工程中具有广阔的推广应用前景。

5.已应用情况

哈尔滨地铁3号线丁香公园站。

7.2.6 福州地铁

EPB/TBM双模盾构复合地层施工技术：

1.技术背景

福州地铁4号线3标10工区林浦站—城门站区间工程地质情况特殊，区间两端都是软土层，中间为极硬岩层段，地层强度跨度大，软土、极硬岩、软岩交替出现，需采用双模式盾构机来满足施工需要。

首先在穿越软硬不均的复合地层时，如何安全、经济、快速穿越成为本工程亟须解决的主要难点；其次，区间隧道1299米长距离穿越中微风化凝灰熔岩（强度113～193.8兆帕）的硬岩地段；第三，在软硬交接的20米左右的上软下硬洞段，隧道埋深达30多米，地下净水头压力接近3巴，需要多次带压更换异常损坏的刀具，施工安全风险高；第四，淤泥质土区间，盾构易栽头，姿态难以控制；第五，含泥细中砂区间盾构机可能存在喷涌；第六，不透水的软土层及硬岩洞段管片易上浮影响管片的拼装质量；第七，本标段硬岩完整性好，平均岩石强度高达143兆帕，腐蚀性强；第八，区间始发和接收地质条件、水文条件差，始发及接收施工技术要求高；第九，始发洞门距离盾构吊装井还有20多米，需下穿既有6号线林浦车站底板，需采用盾构机和钢套筒整体移动施工技术，施工难度高；第十，施工过程控制要求高，区间地表穿越居民区，大部分建筑物多为浅基础或无基础的民房，对地表沉降控制要求极高，需合理优化各项施工掘进参数，确保地表建筑物的安全。

因此，依托项目开展EPB/TBM双模盾构复合地层施工关键技术研究与应用，研发与应用一种既能适用于以粉质黏土、砂层、淤泥和全风化花岗石等为主的软土地质，又能适用于以凝灰熔岩、花岗石等为主的全断面硬岩地质的双模式盾构机及掘进施工关键技术，确保工程顺利、快速施工。

2.技术内容

（1）EPB/TBM双模盾构机的研究

本工程双模盾构机选型配置及设计时充分考虑地层特殊性，从盾体总体设计、刀盘结构及驱动设计、刀具配置及豆砾石回填及注浆系统等方面采取针对性配置。本工程设计建造的双模盾构机EPB模式是土压平衡盾构机功率的80%，在软土段（富水的粉质黏土、中细砂地层）掘进时，可防止发生刀盘"结泥饼"、螺旋机喷涌现象，可有效控制地表沉降；采用电驱驱动，驱动功率1400千瓦，额定5920千牛/米，脱困7100千牛/米，可以满足在该地层大扭矩的施工需求。双模盾构机TBM模式是TBM盾构机功率的60%，在硬岩段（微风化熔结凝灰岩）掘进时，较小的刀间距可提升刀具的破岩能力；刀盘面板堆8+7耐磨复合钢板，大圆环耐磨保护采用2圈合金耐磨块，提高刀盘的耐性；刀盘驱动转速2.26～5.4转每分钟，可满足在全断面微风化熔结凝灰岩地层高转速施工要求。推进中做好推进参数控制及刀具管理工作，可确保盾构机通过性及工效；做好超前地质预报工程，加强对岩层裂隙发育区等特殊地层探测及处理工作，可确保施工安全。

（2）EPB/TBM双模盾构始发施工技术研究

福州地铁4号线3标10工区林浦站—城门站区间工程结合工程地质条件和总体工期要求，采用EPB/TBM双模盾构机施工。林浦站为地下岛式三层站，与在建的6号线林浦站呈T形换乘，6号线林浦站主体已施工完成。始发端处于6号线林浦站下方邻近福泉快速路，且建有军用电缆，无法进行迁改：6号线林浦站厚1米的地连墙施工采用双层钢筋，盾构始发前需凿除洞门80厘米并割除钢筋。据此情况原本为三轴搅拌桩+高压旋喷桩进行端头加固变更为地面垂直冻结加固，依据平衡始发原理，在钢套筒内安装盾构机，盾构在钢套内实现安全始发掘进，解决了本工程双模后构及始发的技术难题。

本工程左右线EPB/TBM双模盾构均采用钢套筒始发技术，始发端土体采用地面垂直冻结加固洞门前方土体技术，人工凿除洞门工艺，拔除盾构推进区域内冻结管，盾构机在钢套筒内始发。盾构机由福州地铁4号线林浦站大里程端盾构井吊装下井、安装调试，空推21米横穿6号线林浦站（车站结构施工已经完成）后始发进施工。顺利实现了作为国内罕见的地面垂直冻结加固洞门前方土体条件下盾构机在钢套筒内整体平移始发施工并形成工法（图7-48）。

图7-48　双模盾构钢套筒始发

（3）EPB/TBM双模盾构复合地层掘进施工技术研究

项目针对富水砂土且埋深18.8～21.4米地层掘进时，针对粉质黏土且埋深21～23.5米地层掘进时，针对淤泥、淤泥质土且埋深23.8～24.4米地层掘进时，针对上软下硬且埋深23米地层掘进时，盾构机均为EPB模式并采用土压平衡模式掘进。针对硬岩地层掘进时，盾构机为TBM模式并采用敞开模式掘进；针对上软下硬且埋深16米的地层掘进时，盾构机为EPB模式并采用土压平衡模式掘进；针对软岩且埋深16米地层掘进时，盾构机为EPB模式并采用半敞开模式掘进。该技术根据不同的地层情况选用不同的掘进模式，并优化掘进方式和掘进参数，不仅能延长刀盘及刀具的寿命，还能最大限度地减少地面沉降或隆起量，进而确保地表、地面建（构）筑物及地下管线的安全稳定，并能保证掘进的进度，降低施工风险。

（4）双模盾构机姿态纠偏关键技术研究

①双模盾构机施工前，要充分了解设备的结构性能；盾构机选型时，应充分考虑设备的重量分布均匀性。

②充分认识地质特性。对地勘显示的特殊地质，特别是高压缩性、富水、透水性、承载力低、液化地层，应重点关注研究，并在掘进施工该类地层前，制定针对性的技术方案。

③建立盾构机姿态超限的预警机制，实施姿态超限分级预警管理，触发预警及时按预警程序分析原因、制定措施。盾构司机在盾构掘进姿态超限或参数异常时应立即停机上报，项目组应及时召开盾构纠偏会议，制定可靠措施；预警处置时，掘进班组、技术人员应统一掘进思路，快速执行。

④盾构纠偏措施，应充分考虑三方面因素：一是，作为盾构机掘进后靠的管片系统稳定性，只有管片系统稳定时，盾构机推进才有稳定的支座，因而要从加强管片连接、浆液性能（特备是凝固时间）和注浆饱满度、堆载控制管片上浮、盾尾间隙保持等方面采取措施来增强管片系统的稳定性，本次纠偏中采取的加强注浆管控、堆载等措施即是这方面的体现；二是，盾构姿态的偏移本质上是盾构所受外界作用力的结果，地层及地下水反力、盾构机自身重力及推力、管片对盾构的约束力等作用力是盾构机姿态偏移的根本原因，当盾构机自重、地层、地下水等客观因素无法改变时，与纠偏方向正向作用的力所产生的力矩是纠偏的关键因素，应予以重点考虑，本次纠偏中的加设辅助油缸、屏蔽推进油缸即是这方面的体现；三是，盾构掘进和管片系统均处于周边地层中，当条件具备时可考虑适当改良地层，本次纠偏采用了高效克泥效，其承载力较原状粉质黏土或粉细砂承载能力高。

（5）EPB/TBM双模盾构到达施工技术研究

通过结合本工程盾构机到达接收端详细的地质、水文、地形条件、周围环境、接收车站主体结构设计、交叉作业施工及盾构机施工的特点开展盾构机到达接收阶段钢套筒安装、钢套筒内回灌料选择、盾构机在钢套筒内推进、洞门封堵及钢套筒拆除施工工序研究，制定盾构机到达钢套筒接收施工工艺，确保盾构机到达接收施工安全。

①采用高压旋喷桩加固全风化和强风化碎块状地层，根据现场地表管线条件限制垂直加固只能打至9.0米，研究出以2"斜角进行钻孔旋喷加固剩余加固长度的施工工艺。

②由始发钢套筒技术实际应用延伸研究的盾构机到达短套筒接收技术，解决加固体长度不足以包裹盾构机主机时，盾构机接收不能有效进行注浆密封导

致的渗漏风险，实现了该种工况下有效注浆密封。

3.主要技术性能和技术特点

（1）主要技术性能

EPB/TBM双模盾构机解决了本项目中盾构机适应性、安全性、可靠性、先进性及经济性问题（图7-49）。从盾体总体设计、刀盘结构及驱动设计、刀具配置及豆砾石回填、注浆系统等方面采取针对性配置，确定了本工程所选双模盾构机的主要技术参数、刀盘结构、刀具配置等，提高了双模盾构机在EPB和TBM模式下整体设计的兼容性。使刀盘结构既能够满足TBM模式下刀盘高强度、整体稳定性的需求，又能保证EPB模式下刀盘大开口率的需求，大大降低刀盘结泥饼的风险；并解决刀盘驱动系统在EPB模式下"高扭矩、低转速"以及TBM模式下"高转速、低扭矩"的功能需求；规避了TBM模式下盾体扭转及震动过大的安全性问题；解决了硬岩段管片壁后豆砾石填充及回填灌浆，保证成型隧道质量。

图7-49　EPB/TBM模式转换

通过地面垂直冻结加固及钢套筒始发措施，规避了富水砂层及较大埋深常规加固不佳情况下，始发涌水、涌砂等风险。通过对垂直冻结帷幕和制冷系统参数及温度场监测，确保盾构始发施工进度及施工安全。在T型换乘站盾构始发盾构机及钢套筒安装施工中，研发了一种辅助盾构机整体平移和顶推的钢套筒装置，且研制并采用顶推纵向平移施工技术，通过对钢套筒下井安装、盾体及与钢套筒采用千斤顶整体往前纵移分析，有效解决了T型换乘站盾构始发进行始发系统结构安装的技术难题。

通过开展复杂复合地层EPB/TBM双模盾构掘进方法、HSP声波反射法超前地质预报，确保EPB/TBM双模盾构在复杂地质条件及地面环境下的施工质量、安全及进度。

对盾构机姿态超限过程进行统计，并结合地质条件、盾构机结构性能及现场实际情况对姿态超限的原因进行分析；且根据现场每一环纠偏效果，制定相应的措施，主要包括屏蔽上部油缸、适当减小土仓压力，开启上部超挖刀、增加上下部铰接油缸行程差、前盾底部注入高黏度膨润土、推进油缸增加钢凳及下部推进油缸之间增加外置千斤顶。在取得一定效果后，根据成型隧道管片姿态、盾构机姿态等进行调线调坡，并以新的设计线路进行姿态控制，保证成型隧道满足列车运行条件。

结合水文地质条件（全风化熔结凝灰岩、强风化熔结凝灰岩地层）、接收井结构设计、地表环境及现场施工条件（与冷冻施工交叉）等，端头加固采用高压旋加固（10米），且受地表管线影响，对中加固只能打至9.0米，往外1米采取以2°斜角进行钻孔旋喷加固，研究形成双模盾构机到达端头土体加固技术措施。盾构机接收采用钢套箱接收技术，解决加固体长度不足以包裹盾体引起的渗漏风险，并根据水平探孔、加固效果等对接收洞门密封进一步优化，确保盾构机接收施工进度及施工安全。

（2）技术特点

①适用地层广：双模式盾构机（TBM/EPB双模盾构机）及掘进施工关键技术既能适用于粉质黏土、砂层、淤泥和全风化花岗石等为主的软土地质，又能适用于以凝灰熔岩、花岗石等为主的全断面硬岩地质地层。

②节约工期：项目实现双模盾构机在软土中掘进速度达到150米/月，在极硬岩中掘进速度平均达到100米/月（最快达到120米/月）。

③施工安全性高：双模盾构掘进技术针对不同地层可切换针对性盾构掘进模式，极大地降低了施工风险，保证了施工的安全。

④经济效益高：较传统单模盾构技术仅适用某一种单一地层的掘进方式，该双模技术弥补了单模的缺陷，具有巨大经济效益。

4.使用范围或应用条件

TBM/EPB双模盾构机既能适用于粉质黏土、砂层、淤泥和全风化花岗石等为主的软土地质，又能适用于以凝灰熔岩、花岗石等为主的全断面硬岩地质。形成的双模盾构机模式切换标准、评价方法在福州地铁4号线3标10工区林浦站—城门站区间双线地下隧道工程中得到成功实践。双模盾构机在软土中掘进速度达到150米/月，在极硬岩中掘进速度平均达到100米/月（最快达到120米/月），成功实现项目进度、质量、安全、成本目标，社会效益显著提升。项目有着重大的工程应用和市场开发价值，推广应用前景广阔（图7-50）。

图7-50 EPB/TBM模式转换

5.已应用情况

福州地铁4号线3标10工区林浦站—城门站区间。

8 竣工验收篇

8.1 概述

城市轨道交通作为现代化城市的核心基础设施，对缓解城市交通压力、推动经济发展、提升城市功能具有重要作用。随着城市化进程加速，越来越多的城市轨道交通工程投入建设，为人们提供了高效、便捷的出行方式。然而，城市轨道交通项目通常规模庞大、涉及面广，且技术复杂，面临工期紧、工程安全风险高等挑战。因此，如何提升建设质量和管理水平成为各城市轨道交通工程面临的共同课题。

数字工地是通过物联网（IoT）、BIM（建筑信息模型）、云计算和大数据等技术对施工现场进行智能化、数字化管理的系统平台。能够实时监控工地的人员、设备、物料、环境等要素，并通过数据分析优化施工过程。数字工地在城市轨道交通建设中的应用，包括人员管理、进度管理、安全监测、环境监控等，极大地提升了施工管理的效率和安全性。

例如，智慧工地通过物联网感知设备和BIM技术，能够对城市轨道交通施工过程中的设备运行状态、人员行为、工地环境等进行实时监控和管理，确保施工过程的透明化和规范化。同时，智慧工地还集成了视频监控和智能分析系统，能够自动识别并预警潜在的安全风险，提升施工安全管理水平。

数字工地的验收标准研究对于确保其应用效果、提升工程质量、规范施工管理流程具有重要意义。当前，城市轨道交通工程的数字工地建设尚未形成统一的验收标准，不同城市的建设水平参差不齐，存在发展不均衡、信息孤岛、数据整合不充分等问题。制定统一的数字工地验收标准，将有助于规范全国范围内的数字工地建设，推动信息化技术在轨道交通建设中的广泛应用，确保数据的有效利用和系统的高效运行。此外，验收标准的制定能够为项目各参与方提供明确的技术规范和参考依据，有助于提高数字工地的整体质量，并为未来数字化建设的持续发展奠定基础。

本篇主要介绍广州城市轨道交通工程建设数字工地验收标准研究现状及应用展望。

8.2 城市轨道交通工程建设数字工地验收标准研究

8.2.1 数字工地概述

8.2.1.1 数字工地的定义与特点

1.国内数字工地定义与特点

（1）定义：国内的数字工地通常指通过现代信息技术（如物联网、大数据、云计算、人工智能等）集成管理施工现场的各类资源，实现施工管理的可视化、数字化和智能化。这一概念在近年来的工程建设中逐渐得到广泛应用，尤其是在大型基础设施项目中，如城市轨道交通、机场、高速铁路等。

（2）特点：实时数据监控，国内的数字工地通过物联网技术实时监控施工现场的安全、质量、进度等关键要素。例如，在建筑工地中，安装的传感器可以收集施工机械设备、材料和人员的实时数据（图8-1）。

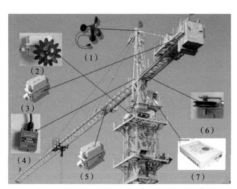
（a）塔吊自动监测系统

（b）人员实名制通道

图8-1　数字工地应用实例

（3）BIM技术集成：建筑信息模型（BIM）被广泛应用于国内数字工地，提供虚拟的建筑模型和施工流程模拟，减少设计和施工中的冲突问题（图8-2）。

图8-2　BIM技术集成

（4）安全与质量保障：通过集成视频监控、传感器、无人机等工具，确保施工现场的安全和质量管理，例如在高风险区域进行实时预警（图8-3）。

（a）深基坑自动监测系统

（b）作业面视频监控全覆盖

图8-3　安全与质量保障措施实例

2.广州地铁数字工地的定义与特点

广州地铁在建设和运营管理中广泛采用数字化技术，以提高建设效率、确保安全质量。例如，在工程建设领域，广州地铁实施了"建设一张图"的核心理念，通过多方协同，依托数字化管理系统实现建设全过程的高效管理。这种管理模式涵盖了规划设计、施工、验收等所有阶段，确保项目高质高效推进。

8.2.1.2　数字工地在城市轨道交通建设中的应用现状

（1）广州在城市轨道交通数字工地建设中处于领先地位，广泛应用BIM（建筑信息模型）技术，特别是在三号线东延段项目中，BIM技术被用于施工模拟和设计优化，帮助减少返工和缩短工期。此外，广州地铁还开发了"穗腾

OS"系统，这是一个集成了智慧运维和资产管理的操作系统，支撑广州地铁全生命周期管理的数字化转型。

（2）重庆的城市轨道交通数字工地应用集中在"人员管理"和"视频监控"等方面。实名制管理平台和人脸识别等技术被广泛应用，确保施工现场的安全性。此外，重庆还积极推进"环境管理"系统，通过扬尘噪声监控与自动喷淋系统来优化施工环境。

（3）成都的智慧工地应用技术涵盖了"物料管理"和"进度管理"，重点是通过数字化手段提升施工效率。施工过程中，采用智能设备管理和数据分析技术，帮助项目方在施工过程中的各个阶段进行优化。这些技术大幅度提高了工程的透明度和管理效率。

（4）武汉的数字工地技术在人员管理和环境监控方面表现突出。武汉市大规模推行"智慧工地实名制"系统，将人员考勤、工资支付和安全管理集成到统一平台上，并利用视频监控技术加强施工安全监测。同时，武汉的轨道交通项目还应用了"扬尘噪声监控"和"自动喷淋系统"来改善施工环境。

（5）北京的城市轨道交通数字工地建设在"智能安全管理"方面领先，利用AI技术进行"视频监控"，结合机器视觉进行人员和安全帽识别等工作。此外，北京的物料管理和设备管理逐步实现了数字化，提升了整个施工周期的效率。

（6）上海的智慧工地建设特别注重"进度管理"和"质量管理"，利用大数据和云计算平台实时跟踪项目进度和施工质量。上海还大力推动轨道交通项目中的"物联网（IoT）应用"，实现了设备和施工机械的智能管理。

8.2.1.3 数字工地相关技术

数字工地技术是现代工程建设中通过信息技术手段提升施工效率、安全性和质量的一种先进管理模式，尤其在城市轨道交通等大型项目中得到了广泛应用。

（1）BIM（建筑信息模型）

BIM是数字工地的核心技术之一，它通过三维建模技术将建筑物从设计到施工的各个阶段进行整合和模拟，帮助识别和解决潜在问题。它可以在项目中创建一个虚拟建筑模型，确保各个团队在同一平台上进行协作，减少设计冲突和施工中的错误（图8-4）。

（2）物联网（IoT）

物联网技术通过在工地设备、材料、人员等上安装传感器，实现数据的自动采集与实时监控。例如，在施工机械上安装传感器，可以监控设备的使用情况、能耗及故障，从而进行预防性维护。此外，人员管理中使用的定位系统、

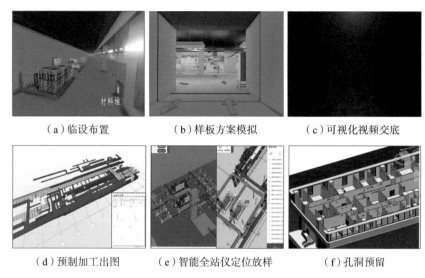

（a）临设布置　　　　（b）样板方案模拟　　　　（c）可视化视频交底

（d）预制加工出图　　（e）智能全站仪定位放样　　（f）孔洞预留

图8-4　BIM技术应用实例

考勤管理系统也依赖物联网技术的支持（图8-5）。

（3）大数据与云计算

大数据技术通过收集和分析大量施工现场的实时数据，帮助项目方进行决策。例如，通过分析历史施工数据，可以预测潜在的施工延误或质量问题。云计算则为存储和处理这些数据提供了高效的平台，确保多个参与方能够实时访问、共享和处理项目数据（图8-6）。

（4）人工智能（AI）和机器学习

人工智能技术在数字工地中被广泛应用于"安全管理"和"自动化监控"。例如，通过机器视觉技术，AI可以自动识别工地上的违规行为（如未佩戴安全帽），并实时发出警报。同时，机器学习技术可以通过分析历史数据来预测施工过程中的安全风险，帮助提前制定应对措施（图8-7）。

图8-5　物联网技术集成

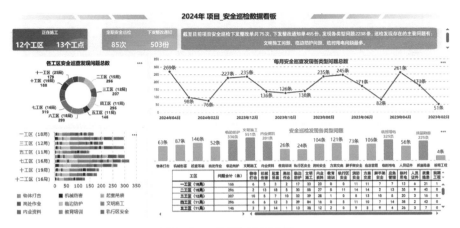

图8-6 工程数据分析看板

图8-7 AI识别工地不安全行为

（5）无人机与自动化设备

无人机在数字工地中主要用于对施工现场进行"三维测绘""进度监控""安全检查"（图8-8、图8-9）。与传统人工检查相比，无人机能够更快速、全面地获取施工现场的实时数据。自动化设备（如无人驾驶的工程机械）则能够执行一些重复性或危险的工作，提升工地的自动化水平。

（6）视频监控与机器视觉

智能视频监控结合机器视觉技术，可以自动检测工地的安全隐患，识别如火灾、烟雾、未佩戴安全设备等情况。结合AI算法，视频监控不仅可以实现实时监控，还能在出现异常时自动发出警报，帮助项目管理者及时处理问题。

图8-8 三维倾斜摄影生成工地全貌

图8-9 通过无人机观察隧道沿线建筑物分布

（7）5G技术

5G网络的高速、低延迟特点使得数字工地能够更好地实现远程监控、实时数据传输和大规模设备的互联。5G技术可以支持更多的设备同时接入网络，并确保这些设备的数据传输高速稳定，尤其适合大规模的城市轨道交通建设项目（图8-10）。

8.2.2 数字工地验收标准研究

8.2.2.1 验收标准的必要性

（1）保障工程质量与安全：随着信息化技术的广泛应用，城市轨道交通等大型工程项目逐渐引入数字工地概念，通过物联网、BIM（建筑信息模型）等技术实现施工过程的可视化、智能化。然而，目前对于这些技术的验收标准尚不明确，导致不同项目之间技术应用的深度、质量控制和安全保障存在较大差

（a）5G高清视频AI监控　　　　　　　　　（b）5G客流预判机制

图8-10　5G技术应用实例

异。制定统一的验收标准可以有效规范数字工地技术的应用，确保项目质量和
安全得到全面保障。

（2）推动技术的广泛应用：虽然数字工地技术在大型项目中得到了部分应
用，但由于缺乏明确的技术标准，很多城市的轨道交通项目在实际应用过程中
存在投入不均衡、技术使用不充分等问题。制定验收标准有助于推广这些新兴
技术的应用，使更多项目能够高效、安全地采用数字工地技术，推动轨道交通
工程整体信息化水平的提升。

（3）实现数据的高效管理与利用：数字工地通过物联网设备和智能系统实
时采集施工现场的数据，形成海量信息资源。没有统一的验收标准，可能导致
各个项目的数据孤岛现象，难以实现跨项目、跨平台的数据共享和深度应用。
验收标准的制定可以确保数据的格式、存储和管理方式统一，促进数据的高效
整合和利用。

8.2.2.2 国内外相关标准分析

1.国外标准

（1）BIM验收标准：欧美国家在BIM技术应用中相对成熟，很多国家如英
国推出了BIM Level 2的验收标准，要求项目在设计、施工、运营等阶段全面
采用BIM模型进行信息管理。这些标准有助于提升项目全生命周期的管理效
率，且通过集成技术减少设计冲突和施工错误。其优点是，技术应用广泛、标
准较为完善，但也存在操作复杂、投入高等问题，且并不完全适用于中国的大
型基础设施项目。

（2）智能施工技术标准：一些国家如美国、日本在物联网和智能施工设备的
应用方面也有较为完善的标准。例如美国在施工机械的自动化操作和远程监控
上有较为严格的验收要求。这些标准的优点是，技术先进、对提升施工安全和
效率作用明显，但与中国的工程实践相结合时，可能需要进行本地化调整。

2.国内标准

（1）国家智慧工地指导意见：住房城乡建设部发布的历年《建筑业信息化发展纲要》明确了智慧工地建设的方向，提出要推动BIM、大数据、物联网等技术的集成应用。虽然各地在智慧工地应用方面逐步探索，但具体的验收标准仍然缺乏，导致各地在技术实施和验收过程中存在较大差异。

（2）地方标准：重庆、成都、武汉等城市已经出台了相关的智慧工地建设标准，主要集中在人员管理、环境监控和视频监控等方面。这些标准虽然在某些领域取得了进展，但尚未形成全国统一的验收标准。

8.2.2.3 数字工地验收标准框架

1.验收内容

（1）BIM技术应用验收：检查BIM技术在项目全生命周期中的应用深度，包括模型的建立、更新和应用效果。重点验收设计阶段模型的准确性、施工阶段模型的应用情况，以及运营阶段的数据共享情况。

（2）物联网设备验收：对现场传感器、监控设备等物联网设备进行验收，确保设备的数据采集和传输功能正常工作，并能实现远程监控和实时数据分析。

（3）视频监控与安全管理：验收项目中的视频监控系统和AI安全管理模块，确保施工现场的安全风险能够及时识别并预警，视频数据能够完整保存并实现回溯。

2.验收方法

（1）数据比对与验证：通过对现场采集的实际数据与设计模型数据进行比对，验证数字工地系统的准确性和可靠性。例如，通过BIM模型与施工现场的物料、设备位置等数据进行比对，确认两者一致性。

（2）现场测试与系统调试：通过对物联网设备、传感器等进行现场测试，确保其监测的精准度和设备响应的及时性。同时，调试整个系统的集成度，确保不同子系统的数据能够有效联动。

3.评价指标

（1）数据准确性：BIM模型、物联网设备采集的数据必须与实际情况高度匹配，误差应控制在一定范围内（例如，BIM模型与现场测量数据的误差不超过1%）。

（2）系统集成度：各系统之间的数据交互和共享必须无缝对接，确保不同系统的操作数据能够实时更新且无信息孤岛现象。

（3）安全性与稳定性：数字工地系统必须能够实现24小时连续监控，任何设备故障或系统中断的响应时间应控制在规定时间范围内（例如，视频监控中断时间不超过5分钟）。

8.2.3 实地调研与案例分析

8.2.3.1 实地调研方法

（1）现场观察法：通过实地走访数字工地项目，观察BIM技术、物联网设备、数字工地管理平台的实际应用情况，评估其运作效率和集成度。重点考察现场设备（如传感器、监控设备）的数据采集和传输功能，以及施工过程中的数字化管理工具如何被使用。

（2）深度访谈法：与数字工地相关的关键参与方（如项目经理、技术人员、现场操作人员等）进行访谈，收集他们在数字化工具应用过程中的反馈和建议，了解系统运行中的问题和优势。

（3）问卷调查法：针对工地管理人员和技术操作员设计调查问卷，涵盖数字工地各个模块（如BIM应用、数据集成、物联网监控）的使用体验与问题，收集定量数据以支持调研结果的广泛适用性。

（4）数据分析法：通过平台的历史数据记录，分析项目实施过程中不同阶段的数据质量、错误率、系统中断情况等指标，确保调研数据的客观性与可量化性。

8.2.3.2 案例选择与数据收集

1.案例选择标准

（1）项目规模与复杂度：选择规模较大、涉及多技术集成的轨道交通项目，特别是采用了BIM、物联网和数字化平台的项目。项目的复杂性应能够体现数字工地技术在复杂环境下的适应能力。

（2）区域分布与技术差异：选择不同城市（如广州、成都、武汉）的项目，以比较不同地区在技术实施、标准应用等方面的差异。例如，广州地铁的"3+4+N"框架中涵盖了多种技术场景，而其他城市可能侧重不同的技术应用。

（3）全生命周期覆盖：优先选择覆盖设计、施工、运维全生命周期的项目，以评估BIM和数字化平台的综合应用效果。

2.数据收集过程

（1）系统数据：通过数字工地管理平台收集项目施工过程中生成的相关数据，包括BIM模型、设备传感器数据、施工进度报告、安全监控记录等。

（2）人工数据：通过访谈与问卷调查，获取操作人员对系统使用体验的反馈和在实际操作中遇到的困难，同时收集各参与方（承包商、监理、设计方）的验收记录和评价数据。

（3）第三方验证数据：引入第三方咨询机构对项目的关键技术节点进行独立评估，确保数据的客观性和准确性。

8.2.3.3 案例分析

1.数据孤岛与集成难度的分析

通过广州地铁项目的案例分析，可以发现，数据孤岛和系统集成是数字化建设的主要挑战之一。通过分析不同子系统的数据流通情况，评估数据整合平台的运行效果，并根据这些反馈对验收标准中的数据集成要求进行调整。

2.BIM技术应用的验证

通过对多个项目中BIM应用的对比，验证BIM在设计协同、施工管理、监控与运维中的实际应用效果。例如，部分项目在BIM与Revit的理解上存在误区，通过分析BIM应用效果和相关误区的影响，进一步优化验收标准中BIM应用的深度要求。

3.全生命周期管理的效果评估

结合数字工地管理平台的应用案例，如广州地铁的数据平台建设，通过分析从设计到施工再到运维的全过程管理效果，评估全生命周期数字化管理的可操作性和成效。将这些经验反馈应用到标准框架中，确保标准能够覆盖项目全生命周期的各个环节。

4.系统稳定性与安全性分析

针对物联网设备和智慧工地监控系统，评估这些系统在施工过程中的响应时间、故障率以及安全预警效果。通过对项目数据的分析，验证系统的稳定性，并在标准中设定合理的系统响应时间与故障修复时限。

8.2.4 数字工地验收标准

8.2.4.1 验收内容与指标

1.系统架构与集成验收

（1）内容：验收数字工地系统架构的设计与实施，重点检查系统是否按照"四统一"（统一规划、统一标准、统一平台、统一设计）原则建设，确保系统具备灵活扩展、可靠运行的能力。

（2）指标：系统的架构设计应具备扩展性和高效的模块化，保证新增功能的无缝集成，支持连续7×24小时不间断运行，设备模块化率应达到100%。

2.BIM技术应用验收

（1）内容：验收BIM技术在项目设计、施工、运维全生命周期的应用，包括设计协同、施工进度管理、物料管理、质量检测等功能（图8-11）。

（2）指标：BIM模型的准确率应达到95%以上，BIM数据应能够无缝集成到数字工地管理平台，数据更新与现场进度保持实时同步（图8-12）。

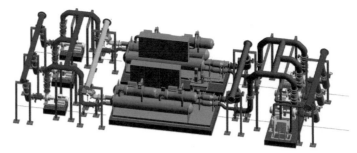

（a）设计协同

（b）施工指导

（c）运维交底培训

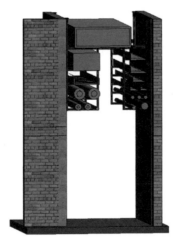

（d）图模一致性审查

图8-11　BIM技术应用验收内容

3.物联网设备与智能监控系统验收

（1）内容：检查物联网传感器和智能监控系统的运行情况，确保数据采集的实时性、准确性，以及系统响应的灵敏度。

（2）指标：传感器的精确度应控制在±0.5%，物联网设备的在线率应超过99%，智能监控系统的异常事件预警时间不超过3秒。

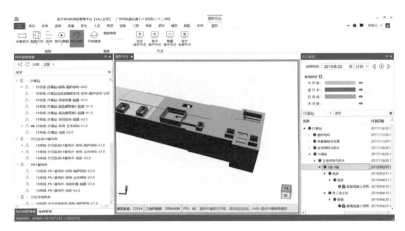

图8-12　BIM模型在项目管理平台的应用

4.数据处理与共享验收

（1）内容：检查数据处理的准确性和效率，确保数据平台实现跨系统的互联互通，避免信息孤岛现象。

（2）指标：数据处理延迟不超过5秒，数据交互完整率应达到100%，各子系统数据实时共享。

5.安全性与可靠性验收

（1）内容：验收数字工地的安全性，包括信息安全、设备安全以及施工现场的安全管理系统。

（2）指标：所有系统应满足国家信息安全等级保护二级标准，设备短路保护、火灾报警等功能必须达到高可靠性，设备故障响应时间不超过30分钟。

8.2.4.2　验收方法与流程

1.现场测试与系统调试

（1）方法：通过现场测试，模拟实际施工环境下的各种场景，全面检验系统的运行情况。通过实地操作，对各个系统的功能进行验证，如物联网设备的传感器响应、监控摄像头的灵敏度、BIM系统的准确性等。

（2）流程：测试开始前，检查设备的连接与运行状态；在测试过程中，实时监控系统的反应速度和数据采集情况，并记录任何可能出现的错误或异常。

2.数据比对与误差分析

（1）方法：将BIM系统中的施工模型与施工现场的实际数据进行比对，确保模型与现实的误差在可接受范围内；通过物联网设备的数据监测与人工测量的数据进行对比，确保数据的精准性（图8-13、图8-14）。

（2）流程：逐一验证数据采集点和监控设备的准确性，将实际采集数据与预期数据进行对比，确认误差是否在允许范围内。

图8-13　物联设备数据比对

（a）现场门禁系统

（b）线网平台

图8-14　门禁系统数据比对

3.用户反馈与系统调整

（1）方法：在验收过程中，通过用户反馈、评估系统的操作性和实用性，及时调整发现的问题。

（2）流程：收集施工管理人员、技术人员的反馈，评估系统的操作简易程度和运行效果，并根据反馈优化系统。

8.2.4.3　验收标准与要求

1.数据准确性与一致性

要求：所有数据的误差应控制在规定的范围内，BIM数据、物联网数据、视频监控数据应保持高度一致。设计模型与实际施工误差不超过1%，传感器数据与现场测量误差应小于±0.5%。

2.系统集成度与互操作性

要求：系统间应实现数据的无缝集成与互操作，确保BIM、物联网、监控系统等各模块的数据交互及时、准确，避免信息孤岛问题。所有系统的响应时间不超过5秒，且具备7×24小时连续运行能力。

3.安全性与稳定性

要求：数字工地系统的安全性应符合国家信息安全等级保护二级标准，设备应具备防火、防尘、防水、防震等特性。系统中断时间不得超过5分钟，设备故障修复响应时间应控制在30分钟内。

4.用户友好性与可操作性

要求：系统界面应简洁易操作，具备清晰的用户引导功能；系统培训内容应覆盖所有用户，确保用户能够高效使用数字工地系统。

8.2.5 应用与推广

8.2.5.1 标准应用指导

1.培训与能力建设

（1）组织专项培训：为BIM操作人员、物联网设备操作人员、监理工程师等关键人员提供关于数字工地验收标准的专项培训，确保其能够正确理解和使用相关工具。

（2）定期技术支持：设立技术支持小组，定期进行现场指导与支持，帮助现场人员在实际操作过程中克服技术障碍。

2.验收过程的可操作性

（1）实施手册：为不同类型的项目编制操作手册，涵盖从施工设计到现场操作的每个步骤，确保标准能够在各类项目中灵活应用。

（2）检查清单：制定数字工地验收的详细检查清单，帮助验收人员逐项检查各系统模块，确保不遗漏任何验收内容。

3.工具和平台的使用

标准化数字平台：推广统一的数字工地管理平台，确保所有数据能够通过标准化的平台进行共享和管理，避免信息孤岛。

8.2.5.2 推广与实施策略

1.行业推广

（1）政策支持：通过政府的政策支持和行业协会的推广，确保数字工地验收标准成为行业内的强制性要求，从而推动各城市轨道交通项目的全面应用。

（2）示范项目：选择具有代表性的项目作为数字工地标准的示范项目，展示标准的应用效果，鼓励更多项目采用该标准。

2.跨部门协作

（1）政府与企业合作：推动政府部门、施工单位、设计单位、监理单位的协同合作，共同制定实施计划，并根据项目实际情况进行灵活调整。

（2）建立反馈机制：在推广过程中，建立标准应用的反馈机制，收集不同项目的实施经验和反馈，以便对标准进行持续优化和调整。

3.持续更新与优化

标准升级：随着技术的不断发展，定期对验收标准进行升级，确保标准能够适应未来的新技术和新应用需求。

8.3 结论与展望

8.3.1 研究结论

（1）标准框架的提出：研究制定了涵盖BIM技术、物联网设备、数据集成和安全监控等关键领域的数字工地验收标准框架。

（2）案例验证与优化：通过实际项目的案例验证，研究发现数据孤岛、BIM应用不均衡、系统集成难度大等问题，并根据这些问题对验收标准进行了调整，确保其合理性和适用性。

（3）推广与应用：研究提出了标准的推广与应用策略，强调了政策支持、培训和技术支持等环节在实施中的重要性。

8.3.2 未来展望

8.3.2.1 标准的持续优化

随着技术的不断进步，如5G、AI、大数据分析等，数字工地验收标准需要不断进行更新和优化，以适应新技术的应用。未来的标准将更加精细化，覆盖项目的全生命周期，从设计到运维的每个阶段都需实现数字化管理。

8.3.2.2 国际化与本地化的结合

未来，数字工地验收标准将与国际标准逐步接轨，同时根据中国工程建设的特点，形成具有本土适应性的标准体系。通过国际化与本地化的结合，提升中国城市轨道交通项目在全球市场的竞争力。

8.3.2.3 数据驱动与智能化管理

数据的深度挖掘与利用将成为未来数字工地管理的核心，通过大数据分析、人工智能技术的引入，推动项目管理从被动响应向主动管理转变，进一步提升工程质量和效率。

9　新技术篇

9.1　概述

9.1.1　行业概况

我国城市轨道交通起步于20世纪60年代中期，发展至今取得了举世瞩目的成就，系统体量稳居世界第一。截至2023年底，中国共有59个城市开通城市轨道交通运营线路338条，运营线路总长度11224.54公里。其中，地铁运营线路8543.1公里，占比76.1%；其他制式城轨交通运营线路2681.4公里，占比23.89%。2023年运营线路长度净增长866.7公里。

从轨道交通建设方面来看，2023年在建线路总长5671.68公里；截至2023年底，城轨交通线网建设规划在实施的城市共计46个，在实施的建设规划线路总长6118.6公里。

2023年，中国城轨交通运营线路规模持续扩大，日均客运量突破8000万人次大关，再创历史新高，悬挂式单轨系统为首次投入运营，已投运城轨交通线路系统制式达到10种，低运能城轨交通系统制式进一步丰富。年度完成建设投资额有所回落，城轨交通建设进入平稳发展期，预计未来两年新投运线路与2023年基本持平，"十四五"末城轨交通投运线路总规模趋近13000公里。

9.1.2　城轨交通发展大事记

随着我国对高质量发展要求的深入实践，各地正积极部署，加速交通强国战略的实施，特别是在城市轨道交通领域，正迎来一场深刻变革。我国城市轨道交通系统正沿着综合立体、自主可控、人文绿色、智能高效的创新轨道稳健前行，致力于构建全新的网络化运营体系，以满足公众从基本"走的了"需求向高品质"走的好"体验的深刻转变。这一转型的核心在于三大关键转变：一是，由单一的"规模扩张"向更加注重"效能提升"转变，强调效率与质量的双重提升；二是，从线网的"形态网络化"向"功能网络化"深化，注重线网的实际运营效能与乘客出行需求的精准对接；三是，从过去依赖"投资拉动"的增长模式，转向追求"经济可持续发展"的良性循环，确保城市轨道交通的长期健康运行。

9.1.2.1 《加快建设交通强国报告（2022）》正式发布

交通运输部发布《加快建设交通强国报告（2022）》（以下简称《报告》），这是党的十九大报告提出建设交通强国以来，交通运输部第一次发布建设交通强国报告。《报告》对五年来加快建设交通强国工作成效经验进行了总结，贯彻落实党的二十大部署安排，谋划未来五年加快建设交通强国思路方向，对凝聚行业共识，奋力加快建设交通强国，努力当好中国式现代化的开路先锋具有重要意义。《报告》包括3章，主要内容有：

第一章是开启加快建设交通强国新征程。对党的十八大以来习近平总书记关于交通运输重要论述进行了系统梳理，对党中央、国务院对加快建设交通强国的谋划部署进行了总结，阐述了各部门、各地区协同纵深推进交通强国建设情况，以及各单位参与交通强国建设试点情况。

第二章是加快建设交通强国成效显著。按照《交通强国建设纲要》提出的基础设施、交通装备、运输服务、科技创新、安全保障、绿色发展、开放合作、人才队伍、治理能力九大任务框架，总结了实施进展情况，包括《国家综合立体交通网规划纲要》重点任务进展情况。

第三章是加快建设交通强国行稳致远。从8个方面总结了加快建设交通强国的主要经验启示，分析了交通强国建设的历史方位，评估了国家综合立体交通网建设进展情况，对标世界发达国家先进水平，分析了存在的问题与短板。在研判未来加快建设交通强国面临的形势与挑战基础上，分析了我国交通运输服务保障中国式现代化的要求，提出了未来五年奋力加快建设交通强国，努力当好中国式现代化的开路先锋的思路方向。

9.1.2.2 住房城乡建设部印发《住房城乡建设部关于全面推进城市综合交通体系建设的指导意见》

住房城乡建设部于2023年底发布了《住房城乡建设部关于全面推进城市综合交通体系建设的指导意见》（建城〔2023〕74号）（以下简称《指导意见》）。在我国城镇化进程中，城市交通基础设施系统的框架和格局基本确立，但仍出现了诸如通勤时耗过长、道路交通拥挤、公交系统发展乏力、慢行交通环境品质不高、轨道建设与城市开发脱节、共享交通发展无序、设施老化安全性降低等一系列具有一定普遍性的问题。在城市由增量到存量发展的转型期，全面推进城市综合交通体系建设工作十分必要。《指导意见》是在城市交通领域落实"全面加强基础设施建设构建现代化基础设施体系，为全面建设社会主义现代化国家打下坚实基础"的要求，贯彻党的二十大报告中关于"加强城市基础设施建设，打造宜居、韧性、智慧城市"精神的又一重大举措。

《指导意见》主要包含城市综合交通体系新发展阶段要求解读、关于城市综合交通体系建设的发展建议等内容，制定了"到2025年，各地城市综合交通体系进一步健全，设施网络布局更加完善，运行效率、整体效益和集约化、智能化、绿色化水平明显提升；到2035年，各地基本建成人民满意、功能完备、运行高效、智能绿色、安全韧性的现代化城市综合交通体系"的总体目标。

9.1.2.3 "多元融合可持续发展"新概念

2023年4月25日，国家发展改革委在重庆组织召开"城市群都市圈多层次轨道交通融合发展经验交流现场会"时提出了轨道交通"多元融合可持续发展"的新理念。

"多元融合可持续发展"理念是基于城镇化发展到都市圈城市群形态的新阶段、轨道交通面临建设轨道上的都市圈城市群的新使命、顺应城市轨道交通升华为都市轨道交通的新形势，提出的新理念。同时，也是为小网升中网城市破解"成长中困惑"提出的新思路，是国家发展改革委总结轨道交通"四网融合"和推进多项融合工作实践经验提出的新理论。

聚焦城轨交通可持续发展之路，国家发展改革委基础司委托中国城市轨道交通协会开展《城轨交通多元融合可持续发展模式和路径研究》课题的研究，围绕城市轨道交通多元融合和可持续发展两大主题，聚焦引流（客流）、增收、降本三大方向，通过"区域、四网、多交、线路、站城、系统、绿智、文旅、业务"等九个方面融合，分析城轨发展存在的问题和困惑，总结推广行业在融合发展方面取得的成功经验，创新融合发展的新理念，探索多元融合可持续发展的新模式和路径，为政府部门制定政策提供建议，为在全行业推广提供指导。

9.1.2.4 二十个城轨企业发布绿色城轨发展行动方案

《中国城市轨道交通绿色城轨发展行动方案》落地实施一年来，在行业内引发强烈反响。目前已有20个城轨企业发布绿色城轨发展行动方案，其中北京、南京、上海、广州、重庆、深圳、天津、成都、哈尔滨、石家庄、宁波、无锡、青岛、徐州、苏州、常州、温州等城市轨道交通业主结合自身实际发展情况，为城轨企业的绿色转型谋定了顶层设计。中建三局、中车时代电气和施耐德电气分别在建造与制造领域发布了各自的《行动方案》，为行业的绿色发展提供持续动能。绿色城轨建设取得重要进展。

企业《绿色城轨发展行动方案》的编制与发布，引领了全行业践行创新、协调、绿色、开放、共享的新发展理念，体现了行动方案见行动的务实精神，为绿色城轨实施提供更广泛的示范和推动效果。

9.1.2.5 智慧城轨三周年建设取得阶段性成果

《中国城市轨道交通智慧城轨发展纲要》发布四年来，北京、上海、广州、深圳、重庆、南京、武汉、西安、哈尔滨、郑州、宁波、贵阳、厦门等30多个城市相继编制了智慧城轨发展规划、信息化建设规划或推进智慧城轨建设白皮书等，统筹谋划布局，扎实推进落地，城轨企业智慧城轨规划全面实施。

（1）北京"新一代网络化智能调度和智能列车运控系统"示范工程已在试验线上成功运行。

（2）重庆轨道应用前期CBTC互联互通示范工程成果，顺利实施"地铁4号线—环线—5号线"互联互通直快列车上线运行，首次实现三线互联互通跨线运营。

（3）广州、深圳、上海和哈尔滨等地铁公司建设的智慧车站系统，大幅提升旅客出行服务水平，同时10年全生命周期节省资金占初期投资的140%～150%，经济效益显著。智慧车站建设现已遍及全国19个城市、600余座车站。新规划建设的车站将逐步把智慧车站管理功能作为标配，以全面提高城轨车站乘客服务、设备运维和人员管理的智慧化水平。

（4）南京都市圈智慧市域快轨示范工程，探索5G公网专用取得突破，测试、验证、应用成效显著。这是全国第一个建立轨道交通行业5G+MEC的公专网，也是全国城轨交通首创的5G公网专用生态，具有广阔的应用前景。

9.1.2.6 "一带一路"十年，城轨交通驶向高质量共建新阶段

2023年恰逢共建"一带一路"倡议提出十周年。"中国城轨交通方案"在"一带一路"十年间，在技术、装备、运营、人才等方面不断创新、拓展。

广州地铁、深圳地铁、北京地铁等城轨交通运营企业成功将其成熟的运营经验应用到如巴基斯坦拉合尔橙线、埃塞俄比亚首都亚的斯亚贝巴轻轨项目、越南河内吉灵—河东轻轨项目等"一带一路"轨道交通建设中，同时开展标准建立、建章立制、人员培训、运营调试等工作。

中车长客、四方股份、中车株机、中车浦镇、中车唐山、中车大连、中车智行、京车装备、比亚迪等国内自主化车辆装备厂家，在技术和能力上已经具备了参与国际市场竞争的能力，并已走出国门，在美国、新加坡、澳大利亚、南非、智利、罗马尼亚、阿根廷、巴西、马来西亚等国家和地区获得了项目。

9.1.2.7 多地尝试"快递坐地铁"新形式

北京、深圳、无锡、金华等地积极尝试"快递坐地铁"新形式。"快递坐

地铁"，城轨肩挑两头，一头连航空，另一头连铁路，无缝衔接，助力快递
"精、准、快"进家门，城轨交通融合发展有了新探索，取得新成果。

（1）北京地铁：要求试点线路运输货物必须符合《北京市轨道交通禁止携
带物品目录》，并通过地铁安检。在运输过程中，货物都整齐放置在车厢内的
固定区域，不影响车厢内乘客的乘车，满足地铁相关安全要求。两条试点线路
均安排专人进行跟车押运，确保货物在地铁车厢内运输时，有专人看管，确保
货物在运输过程中不影响乘客出行。在物流方面，顺丰速运选用了适用于城市
轨道交通运输尺寸的可循环利用箱装载和运输快递件。中国邮政北京分公司与
运营企业对接，研发了城市轨道交通运输专用推车。

（2）广州地铁：采用夜间地铁物流专车专线，集拼货物"搭"地铁18号线
到南沙港出海，这是积极贯彻落实市委市政府对大力发展夜间物流，利用城市
轨道交通夜间和闲时运力资源开展货物运输试点、发展湾区绿色物流的重要举
措。此次先行试点的18号线冼村站和万顷沙站，连接了广州市中心和南沙港
区，18号线快线全程只需30分钟左右，夜间地铁物流专车专线，确保了货物
运达南沙港区的时效性。其开车时间早于正常对外载客的首班车，有效利用了
线路闲时的运能，若是要在正常的运营时段实现运货，可将货物放置于8号车
厢，且货运车厢与乘客车厢将进行物理区隔，并有专人进行押运。

（3）深圳地铁：采用"枢纽到站"模式，在福田枢纽—碧海湾地铁站—深
圳顺丰机场基地间开展物流联合运输。货物由快递员装笼送进地铁站后，交由
无人叉车运输至列车旁。深圳地铁计划把列车的第三节车厢划拨为物流专用，
与乘客隔离，在平峰时期集中运输货物。福田枢纽将建立以货物到发、装卸传
输、安检分拣在内的一体化空间，碧海湾地铁站则建立货物中转空间，包括增
设垂直电梯等设施。

9.1.3　城轨交通高质量发展需求分析

9.1.3.1　轨道交通运输压力大，多网融合势在必行

近年来，我国经济保持高速发展，城市化进程加速推进，全国城镇居住总
人口不断上升。据国家统计局数据，2022年，我国城市化率达到65.22%，同
比增加0.5个百分点，全国城镇居住总人口数量达9.21亿人，较2018年增加
了0.56亿人，累计增长率达1.59%。

随着城市化进程的加速和人口的不断增长，城市轨道交通系统面临着前所
未有的挑战。日益增长的客流量、有限的运力资源以及高昂的运营成本，都使
得单一轨道交通网络难以独自承担起城市公共交通的重任。

多网融合作为一种创新的交通发展模式，通过整合不同轨道交通网络，实

现线路、站点、车辆等资源的共享和优化配置，成为缓解运输压力、提升运输效率和服务质量的有效途径。它不仅能够打破不同网络之间的壁垒，实现无缝衔接和换乘便利，还能够促进资源的最大化利用，降低运营成本，提高整体效益。面对城市轨道交通运输的巨大压力，多网融合势在必行。只有通过多网融合，才能构建更加高效、便捷、舒适的城市公共交通体系，满足市民日益增长的出行需求，推动城市的可持续发展。

9.1.3.2 城市轨道交通数智化成为当前发展重心

在新一轮科技革命和产业变革的浪潮推动下，我国智慧城市建设逐步推进，全国城市轨道交通智能化进程也呈现加速发展态势。据统计，2022年我国智慧城市轨道交通行业发展市场规模已达360亿元。同时据市场预测，未来三年内，我国智慧城市轨道交通市场将仍保持20%的发展增速，预计到2026年，全国智慧城市轨道交通市场规模将达到791亿元左右。

值得注意的是，随着城市轨道交通运营规模的迅速扩展和信息化水平的不断提高，如何高质量推进城市轨道交通信息系统向网联化、协同化和智能化方向发展，成为我国智慧城市轨道交通未来发展的重要研究方向。特别是针对城轨车站业务系统设备部署分散、信息资源共享程度低、业务流程融合协同效率不足，智能化综合管控提升难等问题，依托数字可视化模型、工业互联网、人工智能等技术，研究以数据为核心构建车站人、机、物等要素的全面互联，实现城轨车站综合业务、复杂专业系统集成的运营管理优化和效率提升，是推动城轨车站实现数字可视化、业务协同化、管理智慧化的关键。

9.1.3.3 绿色城轨成为实现"双碳"目标重要突破口

绿色城轨与"双碳"目标具有紧密的内在联系。一方面，绿色城轨要求低碳排放，追求更高的运输效率和效益以及更低的能源资源消耗，这与"双碳"目标中的减碳达标和绿色低碳的价值取向相契合；另一方面，实现"双碳"目标既是绿色城轨的内在要求，也是绿色城轨的重要标志。两者相辅相成，共同推动城市轨道交通行业的可持续发展。

绿色城轨的发展是城市绿色转型、和谐发展的关键一环。通过采用先进的节能技术和设备，如永磁牵引系统、复合储能装置、智慧照明系统等，显著降低运营过程中的能源消耗和碳排放。这些技术的应用不仅有助于减少温室气体排放，还能提高能源利用效率，降低运营成本。同时，绿色城轨的建设和运营也将带动相关产业链的绿色升级，促进绿色低碳经济的全面发展，为实现"双碳"目标提供有力支撑。

9.1.3.4 提高城轨交通防灾减灾能力是增强城市韧性重要手段

城市轨道交通作为现代都市的"血脉"，是维持城市稳健运行的重要组成部分，不仅承载着大量的城市人口出行需求，还直接关系到城市的经济发展、社会进步和居民生活质量。随着城市化进程的加速，城市轨道交通的重要性日益凸显，特别是城市在面临自然灾害、事故灾难、公共卫生事件等突发事件时，保障城市轨道交通的安全稳定运行，是提升城市应对风险挑战、迅速恢复并维持其基本功能和服务、减少居民困扰和不安定感的重要途径。

提高城轨交通抗灾能力措施主要包括以下几个方面：

（1）加大城市轨道交通基础设施建设，提升设施设备的抗灾能力和恢复能力。例如，采用高强度、耐腐蚀的材料建设轨道和车站设施；配备先进的检测和维护设备，确保设施设备的正常运行。

（2）提高完善应急响应能力，了解各类灾害的特性并制定详细的应急预案和演练计划。通过定期演练和培训，提升应急响应人员的专业技能和应对能力。同时，加强与相关部门的协作与配合，形成合力应对突发事件。

（3）加强科技创新与应用，充分利用大数据、云计算、人工智能等现代信息技术手段，提升城市轨道交通系统的智能化水平。通过数据分析和预测模型等手段，提前发现潜在的安全隐患和风险点，并采取有效措施进行防范和应对。

9.2 轨道交通新技术

9.2.1 轨道交通多网融合技术

9.2.1.1 多网融合发展现状

轨道交通多网融合是指干线铁路、城际铁路、市域（郊）铁路和城市轨道交通的融合，主要是地铁和城际、市域（郊）铁路的融合与互联互通。融合重点：一是，通过交通枢纽、换乘站实现城轨与其他铁路网之间的高效换乘和便捷服务；二是，市域（郊）铁路的公交化运营和服务，通过推动干线铁路网、城际铁路网、市域（郊）铁路网、城市轨道交通网之间深度融合，构建高效、便捷的一体化轨道交通网络，实现"四网"间规划、运输、服务、信息和管理等协同，全面提升轨道交通客运服务品质和运输组织效率。

经过多年发展，粤港澳大湾区轨道交通建设取得巨大成就，逐渐形成"干线铁路—城际铁路—城市轨道交通"的多层次网络，运营、在建轨道交通里程近5000公里，打造国家战略性、先导性、关键性重大基础设施，发挥综合交通运输体系骨干作用。

在跨区域融合层面，大湾区城市轨道交通逐步实现了从广州、深圳等城市独立发展，到广州与佛山互联，再到广州、深圳与周边多个城市互联互通。广州与佛山作为全国同城化发展示范区，在2009年正式启动了官方层面上的同城化进程。2010年，国内首条城际地铁广佛线的开通大大加速了两地的融合趋势。佛山地铁二号线于2014年开工建设，并于2021年投入运营，强化了广州南站等枢纽的共享共用。广州地铁七号线西延段于2017年开工建设，并于2022年开通运营，推动了广佛全市域同城化。目前，广佛轨道交通区域融合已经实现了两市中心50分钟通达，客运量超50万人次/日，其中两市交互客流约15万人次/日，客流存在明显的通勤特征，换乘比例超2/3（图9-1）。

图9-1 广佛轨道交通跨城运营

在跨制式融合方面，粤港澳大湾区积极推进干线铁路与城际铁路网络规划"一张网"报批和"同标准"建设，成功实现了干线铁路与城际铁路跨层次、跨线运营，对国内其他城市群、都市圈等均具有借鉴意义。广州地铁集团有限公司于2020年10月成功获得铁路运输许可证，2020年11月承接广清、广州东环城际铁路运营，2023年取得广惠城际、广肇城际等线路的运输许可，2024年承接佛肇、南环、佛莞和莞惠城际铁路运营，成为国内首家城际铁路+地铁运输资质的地方企业。2024年5月26日，广佛南环、佛莞城际铁路正式投入运营，与已运营的莞惠、佛肇城际串联贯通，共同构筑起一条全长258公里、自东向西连接惠州、东莞、广州、佛山、肇庆市，最高时速达200公里的大湾区交通大动脉。"四线"贯通后，时间间隔更短、直达列车更多、旅客出行更便捷，从广州番禺出发可30分钟直通佛山、东莞，60分钟抵达肇庆、惠州。截至2024年6月30日，共发送旅客249.87万人次，日均发送旅客6.94万人次，创下省方自主运营城际铁路客流新纪录（图9-2）。

在多网融合标准体系构建方面，广东省交通厅正在积极构建广东省城际

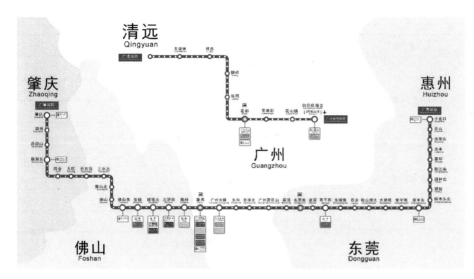

图9-2　广东城际线网示意图

铁路技术标准体系（1+5+33），包含设计、产品、施工、验收、运营管理5大类、33项标准（表9-1）。

<table>
<tr><td colspan="2">广东省城际铁路技术标准体系</td><td>表9-1</td></tr>
</table>

标准类别	标准名称
设计标准	城际铁路互联互通技术要求
	城际铁路设计文件编制细则
	城际铁路生产力设施资源建设技术要求
	城际铁路工程设计防火细则
	疏港铁路设计导则
	城际铁路连续刚构桥梁设计细则
	城际铁路隧道设计细则
产品标准	城际铁路信号系统技术细则
	城际铁路产品准入检验标准细则
	城际铁路装备可信性管理体系要求
	城际铁路车辆通用技术条件
	城际铁路LTE移动通信系统总体技术要求
	城际铁路可动心轨辙叉道岔技术规范
	城际铁路线网云平台数据要求
	城际铁路装配式无砟轨道技术细则
施工标准	城际铁路建设项目施工资料管理细则
	城际铁路施工监测技术规程
	城际铁路基坑内支撑技术规程

续表

标准类别	标准名称
施工标准	城际铁路装配式车站结构技术规范
	城际铁路圆形工作井技术要求
	城际铁路装配式车站结构技术规程
	城际铁路工程建设项目概（预）算编制细则
验收标准	城际铁路工程施工质量验收规范
	城际铁路静态验收技术规范
	城际铁路动态验收技术规范
运营管理标准	城际铁路运营管理细则
	城际铁路一体化行车调度指挥系统技术规范
	城际铁路一体化票务管理及清分实施细则
	城际铁路一体化站务及乘务管理规范
	城际铁路一体化养护维修及应急救援管理规范
	城际铁路技术管理规程
	城际铁路客运标识设计细则

2024年以来，广东省交通厅组织发布了《粤港澳大湾区城际铁路工程设计文件编制规范》《粤港澳大湾区城际铁路工程静态验收技术规范》等8项团体标准，推动《城际铁路设计规范》（TB 10623—2014）完成局部修订，允许客流特点及运输需求等明显具有市域（郊）铁路特征的城际铁路执行《市域铁路设计规范》（T/CRSC 0101—2017）及采用CBTC信号系统、LTE通信系统、具备自动折返功能的CTCS2+ATO列控系统等技术标准，进一步优化车站站台门设置要求，支持大湾区具备市域（郊）铁路特征的城际铁路与城市轨道交通互联互通。配合国家铁路局出台《市域（郊）铁路工程静态和动态验收技术规范（试行）》（TB 10462—2024）、《铁路信号CBTC设计规范》（TB 10521—2024）、《铁路LTE移动通信系统设计规范》（TB 10522—2024）3项铁路行业标准，满足大湾区城际铁路接入城市中心、公交化运营等实际需求。

在多层次轨道交通"一票出行"方面，广东省人民政府办公厅印发的《广东省"十四五"铁路高质量建设实施方案》（粤交函〔2021〕284号）提出"新建城际铁路开行国铁跨线车的线路采用12306票务系统和AFC双系统。"粤港澳大湾区率先在广清城际、广惠城际、广肇城际等线路车站增设地铁AFC闸机，实现地铁＋城际"一张票"出行。

在跨制式安检互认方面，粤港澳大湾区于2020年1月完成广州东站、广州火车站、广州北站、机场北站、广州南站铁路至地铁的"单向免安检"；

2024年2月完成佛山西站、肇庆站、花都站干线铁路与城际铁路安检互信；2024年4月23日实现广肇、广惠、广清城际铁路与国铁换乘的佛山西站、肇庆站、东莞站、花都站4个车站安检互认，缩短了旅客换乘时间，提升了出行效率和品质。

9.2.1.2　多网融合预期目标及效益

为落实《国家综合立体交通网规划纲要》和国家发展改革委《"十四五"城市轨道交通规划建设实施方案》等系列文件要求，贯彻"城市群都市圈多层次轨道交通融合发展经验交流会"精神，多网融合需以功能融合为目标，以管理协同为保障，构建设施多层次、运服一体化轨道交通体系。推动城市内外交通有效衔接，实现干线铁路、城际铁路、市域（郊）铁路和城市轨道交通四网融合发展，具体可分为以下三个方面：

（1）推动网络融合，实现"功能融合、管理协同"。通过网络整合、通道分工、枢纽一体、运营融合，构建"一张网、一张票、一串城"、设施共享、运输服务协同的多层次轨道体系。

（2）推动枢纽融合，实现"人畅其行、人享其行"。优化设施互联、票制互通、安检互认、信息共享、支付兼容，显著提升人民群众的"链式"出行便捷舒适感和满意度。

（3）推动资源融合，实现"盘活存量、优化增量"。开行公交化市域（郊）列车，充分挖掘既有资源的潜力，提质增效，为城市提供优质交通服务。

多网融合效益应聚焦"引客流、增收益、降成本"三个方向。"引客流"方面，重点在于吸引干线铁路、城际铁路、市域（郊）铁路的客流。通过铁路车站和线路公交化服务功能的增强、枢纽站换乘体系优化、互联互通技术标准的贯彻、互信共享运营一体化等方式吸引客流。"增收益"方面，通过公共交通的大范围跨区域覆盖、多交通方式衔接和高运输效率提升，在实现客流强度不断增高的基础上，实现运营收入的持续增长。"降成本"方面，通过轨道交通规划"一张图"，降低轨道网之间协同成本，实现干线铁路、城际铁路、市域（郊）铁路、城轨交通间功能层次清晰、服务功能互补、衔接换乘协调的网络，提高共享复用率；通过路地合作、城市间合作，形成多元主体合作模式，降低条块管理主体之间协同成本，促进轨道交通的效能最大化。

以粤港澳大湾区四网融合为例，建设高质量互联互通的轨道上的大湾区是其总目标。基于多城跨区域融合和多网跨制式融合两个立足点，建立"规划一张网、出行一张票、联通一串城"的三个规划愿景，实现"互联、互通、互运、互维"四个运营效果。构建一网多模，四网融合的公共交通便捷、高效服务体系，充分发挥不同系统和出行方式在不同出行距离上的功能优势，实现互补与共生。提升个体出行整体效率，节约全出行链时间。在时空目标方面，实现30分钟市域品质通勤、30分钟邻城中心通达、60分钟湾区快速通达（图9-3）。

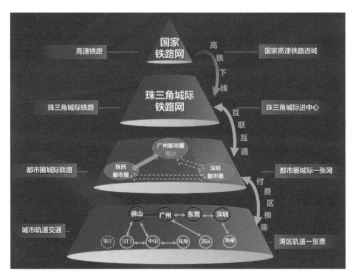

图9-3 粤港澳大湾区多网融合规划

9.2.1.3 城市群多网融合规划评价体系

在政府的政策引领和各方协同发力全面推进多网融合规划建设的基础上，同步研究制定城市群多网融合规划评价体系，以评价促进多网融合建设，以评价检验多网融合成果，形成规划—建设—评价—再规划循环往复持续推进的态势，在不断实践中推进轨道交通的多网融合发展。

城市群多网融合规划评价体系旨在实现宏观层面规划更为科学，具有远见和综合效益，与城市发展和规划更为匹配，实操层面运营更为高效，满足人民对美好生活的需求。城市群多网融合规划评价体系将区域融合、四网融合、线路融合、系统融合作为四大一级评级指标，下分多个二级与三级评级指标，供各个城市在发展多网融合的过程中参考。评价可以按自评价、第三方评价和行业评价方式进行，摸清轨道交通行业、区域、城市、线网、线路或站点等在多网融合方面的现状，通过各项指标的对照评价，量化引导各个发展路径的持续改进（表9-2）。

城市群多网融合规划评价体系 表9-2

一级指标	二级指标	三级指标
区域融合	枢纽区域覆盖指数	枢纽规划跨区轨道交通接入率
		跨区枢纽轨道交通时效率

续表

一级指标	二级指标	三级指标
区域融合	枢纽区域覆盖指数	枢纽跨区轨道交通客流分担率
	区域组团接驳指数	跨区轨道交通组团覆盖率
		跨区轨道交通组团覆盖时效率
		跨区轨道交通站点客流分担率
	廊道互联互通指数	区域廊道资源利用率
		同廊道内交通基础设施共线率
	跨区域协同指数	跨区线路票务直达率
	跨区域资源共享指数	跨区线路车辆基地共享率
		跨区线路主变共享率
		装备构件厂共享率
		人才培训基地共享率
	跨区域协同管理指数	跨区线路安检互认指数
		跨区线路应急管理共享率
	跨区域协同发展指数	轨道装备制造与技术研发率
		跨区线路站点 TOD 收支平衡性
		共同发展基金投入率
四网融合	规划融合指数	轨网制式多样性指数
		市域市区网批复率
		专项规划批复率
		城轨网对城市功能区的覆盖率
	铁路车站、线路公交化功能融合指数	公交化铁路运营客流占比
		通勤客流快进快出通道建设完成率
	四网技术标准融合指数	跨线运营线路供电技术标准一致性
		信号技术标准一致性
	互信互享运营一体化融合指数	互信互享运营一体化指数
	多元主体合作融合指数	工程实施与合作模式同步率
线路融合	多层次线网规划指数	骨干线路占比
		线网多样化率
		换乘效率
	网络化运营指数	线路衔接指数
		安检互认占比
		线路一票直达率
		智能调度效果优化率
		应急指挥协同车站占比

续表

一级指标	二级指标	三级指标
线路融合	网络化运营指数	维保管理效果优化率
	网络资源共享指数	控制中心共享率
		主变电站共享率
		云平台及数据中心共享率
		通信网络共享率
		大数据平台共享率
		车辆共享率
		设备系统互联互通率
		维保基地共享率
		设备及部件统型率
		段场共享率
系统融合	共享基础设施建设指数	城轨云平台使用率
		大数据平台使用率
		UPS使用率
		基础无线网络使用率
	客服体系一体化建设指数	一体化无人票亭效果优化率
		一体化安检效果优化率
	指挥体系一体化建设指数	线网集群调度效果优化率
		智能调度效果优化率
	运营管理一体化建设指数	车站群组化效果优化率
		运营管理效果优化率
	运维管理一体化建设指数	系统智能运维效果优化率
		车辆在线监测效果优化率

9.2.1.4 多网融合技术标准体系

互联互通多元共享，需要深化技术标准研究。具体可分为建设及运营两个方面：

（1）推动有需求、有条件的轨道线路间直通运输，实现轨道网络设施高效贯通。推动贯通线路在土建工程、信号制式及通信信息等系统、供电制式、车辆选型的技术统一和标准兼容。目前：干线铁路、城际铁路及市域（郊）铁路及城市轨道交通在以上几个方面尚存在诸多各自的技术标准，主要为：

①土建工程：多网融合的土建工程主要需要做到到发线及站台长度的融合兼容。到发线长度的设置通常与轨道交通类型及其信号制式有关，对于采用CTCS的高速铁路，根据《高速铁路设计规范》（TB 10621—2014）要求，到

发线有效长度采用650米。其中，站台长度450米（按照动车组最大为16编组长度设计），安全防护距离95米，警冲标至绝缘节的距离5米，出站信号机宜距警冲标不小于55米，出站应答器距出站信号机不小于20米。对于采用CTCS-2的城际铁路，根据《城际铁路设计规范》（TB 10623—2014）要求，到发线的有效长度不应小于400米。其中站台长度220米（按照动车组8编组长度设计），信号机到警冲标的距离5米，安全防护距离65米，应答器组的间距5米，站台端部至应答器组之间的预留距离（停车余量）10米。对于城市轨道交通，由于CBTC采用移动闭塞制式，其控制原理、控制方式与CTCS不同，所以基本没有类似于铁路到发线的概念，而是采用了站台区域加保护区段的概念，其长度为列车长度+17米（有配线车站）或+10米（无配线车站）。

②信号制式及通信系统：我国轨道交通制式信号系统有CTCS（中国列车运行控制系统）和CBTC（基于通信的列车控制系统）两种。目前我国干线铁路采用CTCS；城际铁路多采用CTCS-2（2级CTCS，适用于时速200公里/小时以下），如广惠城际铁路和广佛肇城际铁路；城市轨道交通多采用CBTC；市域铁路信号系统尚无统一的制式，部分采用CTCS-2系统和CRH系列动车组与铁路贯通并在枢纽或大型客流集散点与地铁实现换乘，部分采用CBTC和地铁车型并与普通铁路和客运专线换乘或互通。为了实现互联互通跨线运行，必须在线路上设置列车制式相互转换的区域，切换区域内应先设置切换预告点和转换点按照当前铁路运输基础设备生产企业审批要求，在城市轨道交通领域广泛应用的LTE（4G通信设备）、CBTC（信号设备）等设备均未纳入铁路运输基础设备目录，尚无法应用于地方城际铁路。可以采用相同制式的信号系统、加装多套信号车载设备、加装多套信号地面设备、加装多套信号地面设备、统一规范和标准的信号互联互通等方式加以解决。

③供电制式：可以采用统一供电制式或双制式/多制式供电。但由于采用不同供电制式是适应不同情形的必然要求，因此统一供电制式方法在实际运营中较难实现。对于双制式/多制式供电，该方案允许在不同线路或区段采用不同供电制式，为轨道交通互联互通提供了较好的解决方法。该方案需要在不同制式之间设置转换的过渡段或系统分离区，同时要求车辆具备双制式/多制式受电功能。

④车辆选型：不同轨道交通系统由于服务范围和客流特征等不同，使用的车辆也有所不同。干线铁路和城际铁路一般采用CRH系列动车组；城市轨道交通车辆主要采用地铁A型和B型车；市域（郊）铁路可以采用CRH系列动车组或地铁市域车型，其中市域A、B和D型车为市域快线车型（市域A型和B型车的车辆宽度对应地铁A型和B型车，市域D型车宽度对应CRH6型车），

市域C型车为基于CRH动车组平台的轻轨车型。不同轨道交通系统的车辆设备，如城际动车组、市域动车组、地铁列车，已有部分技术参数趋于统一化，例如轨距、车门宽度等，但不同车辆的车门数量、车宽等仍有差异。

（2）建立多层次轨道交通一体化运营运维平台。打破行政壁垒和行业壁垒，探索建立分工清晰、责权明确和协同运行的运营管理机制。构建一体化运营维护管理系统，统一维修管理、修程修制、维修标准和资源配置，为设备安全、有序运营提供保障。

目前，国铁、城际与地铁票务系统在票制、实名制、计费规则、清分等方面存在较大差异。需要完善客票系统互联互通标准，推动广东省轨道交通票制互通机制，努力为旅客提供"一票联程""一码通达"的便捷出行服务。如图9-4中所示，广清城际与地铁闸机的设置，乘客可快速衔接铁路与地铁的换乘。推进实名制体系建设，满足多层次轨道交通一体化运营需求。此外，安检互认存在障碍。当前，城际铁路执行国家铁路局与公安部联合印发的《铁路旅客禁止、限制携带和托运物品目录》要求，其安检标准高于地铁安检标准。因标准差异且管理主体不同，安检互认存在障碍，影响乘客换乘体验。

图9-4 广清城际双票务系统

目前国铁与地铁对外服务APP相互独立，旅客获得车站资讯、增值服务、生活服务主要依靠车站信息公布屏和各自APP，难以实现国铁与地铁高效联动。需要强化数据开放共享，研究数据资源开放共享机制和交换渠道，加强数据、时刻、运力等对接，研究建立"一站式"出行服务信息平台，提供"铁路+地铁"服务平台查询。广州地铁已在广清城际和广佛东环城际实施了随到随走的"铁路12306+地铁AFC系统"的城际铁路公交化多元支付票务系统。探索"一票联程""一码通达"的便捷出行服务模式（图9-5）。

9.2.1.5 多运营主体协同的一体化运营管理技术

城轨交通服务的基本宗旨是使乘客安全、顺畅、舒适、便捷的出行。要着

图9-5　广清城际检票闸机

力打通各种交通方式之间的运输换乘互通、票务互联、安检互认存在的出行障碍，在服务层面打造一体化运营体系。

聚焦运营对象与管理对象，提出多维度的运输服务标准与运输管理规则体系。如图9-6所示，粤港澳大湾区已建立安全高效的运营规则是轨道交通互联互通运营组织实施的重要保障，具备全局列车运行图铺画、运行情况监控、行车调度等功能。主要设备有应用服务器、数据库服务器、通信服务器、线路ATS（列车自动监控系统）接口服务器、对外接口服务器、大屏幕接口工作站、全局运行图编辑工作站、全局调度工作站、调度命令工作站、维护工作站和网管工作站等。

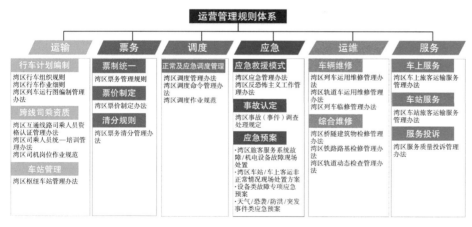

图9-6　粤港澳大湾区多网融合运营规则体系

提出跨越"行政区域边界"和"技术等级边界"的双重融合运营管理体制与协调机制。以"整合规划、统筹建设、贯通运营、协同运输"为总体原则，从服务、功能、网络、体制四大方面，总结提炼形成跨市互联互通线路的规划协同机制、立项模式、投融资机制、建设机制、运营机制、附属资源开发机制、互联互通工作组织形式七个环节管理规则。具体到各个管理层级可以分为：在城市群层面，统一规划、统一标准、统筹运营、一体化管理；在政府层面，成立跨市轨道交通项目专项指挥部；在企业层面，成立跨市企业联合项目工作组（图9-7）。

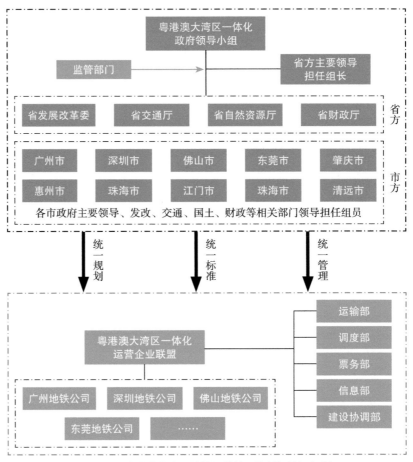

图9-7 粤港澳大湾区城轨运营管理体制与协调机制

构建随到随走、公交化的"铁路12306+地铁AFC系统"的城际铁路多元支付票务系统（图9-8）。票务一体化是多网融合互联互通的重要要求，具体如下：

（1）标准一体化：统筹各管理主体的自动售检票系统技术标准，基于各方已有技术标准制定一套适用于新业务和新要求的区域性行业完善标准，作为票务一体化的实施依据。

（2）售检票一体化：售检票一体化模式可采用实名制实体/虚拟一卡通、无碍换乘的实名制实体/虚拟一卡通、二维码互换、一码通、一证通、刷脸通等技术手段。

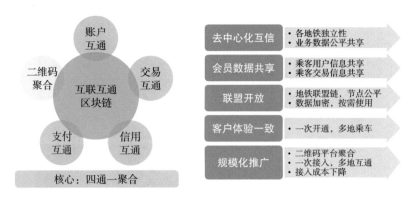

图9-8　多网融合一体化的票务系统

（3）票卡及服务一体化：各运营主体联合制定轨道交通票卡管理办法，根据车票属性的差异，明确各类车票的发行及流转办法。对于跨线网出行产生的服务需求，需统一跨线网票务服务标准，如统一跨线网超时/超程收费标准、统一异常交易处理流程、明确跨线网出行发票开具单位、明确票务服务投诉回复主体等。

（4）清结算一体化：对于跨线网出行交易，可以采取区块链技术，构建清算联盟，实现跨线网交易的自动结算，以充分保障各方的票款利益，进一步促进票务系统的融合。在以区块链技术为支撑的轨道交通互联互通过程中，城轨企业APP和互联网票务平台在接入区块链方案时进行一次性改造，将数据按规则上链，使交易自主化、简易化，实现数据共享并提高服务水平。

9.2.1.6　生产力设施一体化资源共享规划方法

除了运输旅客外，轨道交通衍生而来的一般经营活动还有传媒广告、车站商业、信息通信等，在融合发展中业务扩及物业开发，进而将城轨车站拓展提升为"城市会客厅""城市微功能中心"等多功能区域，形成了新型经营模式，增强了城市活力，反哺了城轨交通，为城轨交通带来全新的经营理念和开源之道。与此同时，城轨交通作为便民惠民的重要民生工程和构建现代化宜居城市的重要基础设施，事关群众出行和城市发展，必须坚守公益属性。融合发展在持续优化通勤服务提升公益性同时，将不断创新经营思路提高经营效益，推动城轨交通走上具有自我造血功能的可持续发展之路。

通过统一规划、统一标准、统一管理支撑四网跨区域跨制式的互联、互通、互运、互维全面融合，可以实现立足湾区，统筹布局，分级共享，突破城市与运营主体间壁垒，实现不同生产力资源的共享（图9-9）。具体可分为以下三方面：

（1）通道共用，资源共享，多网协同

一是，通过都市圈轨道交通跨区统筹资源共享，减少相邻枢纽、廊道线

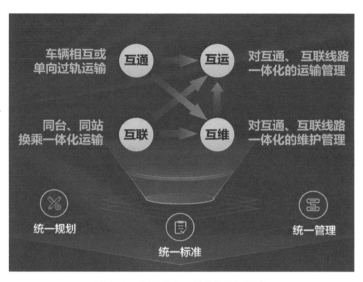

图9-9　多网融合一体化的资源共享

路、车辆基地、主变电站和人才培训基地等城轨设施的重复配置；二是，通过在都市圈乃至城市群跨区统筹轨道交通产业发展，避免低水平重复发展和产能过剩。三是，通过都市圈乃至城市群跨区统筹开展运维联合采购，以规模优势降低采购成本。

（2）标准兼容、技术创新

一是，移动设备要面向全网配置，包括客车车辆和维修车辆（磨轨车、检测车、作业车等），具备在线路群、线网灵活调配的条件；二是，基地性设施面向全网配置，包括维修维保体系及基地、培训基地、物资供应储存基地等；三是，对接城市电、气、水、热网络的主站面向区域配置，特别是电力主变电站跨线共享；四是，设备的部件统型化，提高设备部件的互换性和兼容性，减少设备和系统的维护和升级成本。尽快创新创造推广中国标准的轨道列车，目前，广州地铁集团成功研发出了CBTC与CTCS-2线路贯通运行的系列设备与软件并完成验证。

（3）统筹运营主体，建立管理规则与服务标准

通过多网融合，统筹各主管部门协同管理，建立通用的管理规章制度，可以实现：一是，区域融合方面，探索跨区域管理模式，建立跨区的工作组织和机制；二是，四网融合方面，多元主体合作模式形成体系，铁路和城市相向而行，双向进入；三是，多交融合方面，管理主体重组整合和绿色出行战略协同实施；四是，线路融合方面，多运营主体协同机制；五是，站城融合方面，政府完善TOD开发机制和反哺机制，明确市区分工、统筹开发与城轨建设机制；六是，系统融合方面，数字化底座建设、车站管理一体化、指挥

中心体系重构、组织体系重构；七是，绿智融合方面，节能降碳与管理一体化的业务模式；八是，文旅融合方面，城轨交通与文旅营运体系的协同；九是，业务融合方面，主业与衍生业务、新培育业务资源配置机制。

9.2.2 环境控制系统精细化设计技术

9.2.2.1 隧道通风系统的空间适配性设计

隧道通风系统由负责站间隧道的区间隧道通风系统和负责站内隧道的车站隧道通风系统组成，共同完成轨行区不同模式的通风排热排烟功能。通过在车站端部设置活塞风井，利用列车行驶通过活塞风井前后对隧道气流的推、吸作用以及列车在区间隧道内运行时产生的活塞效应形成隧道的纵向气流，以及活塞风井的横向气流，满足区间隧道的通风换气排热功能，维持区间隧道内的温度、湿度、空气品质在设计标准范围内（图9-10）。

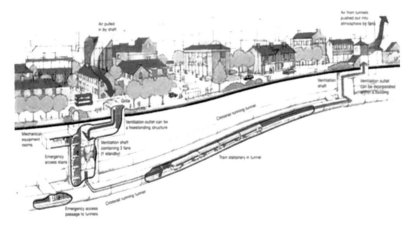

图9-10 列车在区间隧道开式运行产生的活塞效应示意图

随着城市轨道交通线网建设的发展，每条线路均具有不同的功能定位、运营特征与土建条件，隧道通风系统作为配合全线运行、设施分站设置的系统，涵盖正常、阻塞、火灾等一系列功能，受线路方案影响较大，而且由于控制介质为空气，相应的设备容量大、体量大、占用面积与空间大，系统运行模式繁多且复杂。因此，贴合线路条件进行设计，使系统方案深度适配空间形式，再利用SES模拟计算程序核算控制目标参数，协调所有方案要素进行功能互补，最终形成了一系列针对不同功能定位与土建形式线路的系统研究成果，将资源占用与能源消耗控制到最优状态。

（1）双活塞系统

车站两端每条隧道各设置一个活塞风井（共4个），车站隧道排风与区间隧道通风分开设置。采用该系统形式的车站需在车站两端地面各设置2个活塞风井及1个轨排风井。活塞风井口部有效通风面积一般要求不小于16平方米，系统原理图如图9-11所示。

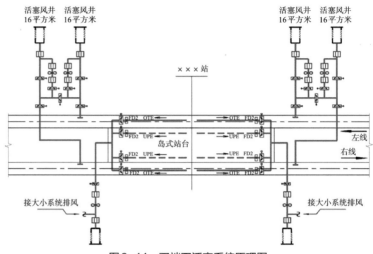

图9-11 双端双活塞系统原理图

本系统适用于市郊车站或周边用地有条件的车站，采用本系统的线路区间隧道内换气次数大，温度较低，空气品质较好；列车运行的空气阻力减少，牵引能耗下降；设备布置与选型灵活，运行效率高；模式组织灵活，运营检修方便。

（2）单活塞系统

车站每端在出站端各设置一个活塞风井（共2个），车站两端的进站端仅设置机械风道，车站隧道排风与区间隧道通风分开设置。采用该系统形式的车站只需在车站两端地面各设置1个活塞风井及1个轨排风井。活塞风井口部有效通风面积为20平方米，系统原理图如图9-12所示。

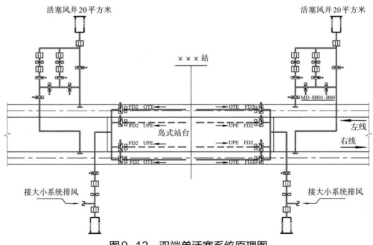

图9-12 双端单活塞系统原理图

本系统适用于市中心或四周有敏感建筑征地拆迁困难，或者前后站间距较小的几座相邻车站。采用该方案活塞风井数量相对减少，土建规模小，活塞风井、隧道风机的位置灵活，控制风阀数量少。但是隧道内换气数少，隧道内空气品质较双活塞系统有所下降，隧道内温度较高，行车阻力较大，增加列车运行的牵引能耗。

（3）单端活塞系统

在车站一端的进出站端设置活塞风井的方案，另一端只设置机械风井，对车站外部而言：减少了风亭的数量和地面工作的协调量；减少了对周边环境及居民的影响，取得较好的社会效益。对车站内部而言：减少了活塞风道和隧道风机的数量，同时利用车站埋深空间垂直布置隧道风机，土建规模减小。

同时采用了车站隧道单端排风的气流组织形式，在不影响排风效果的前提下，排热风道可与电缆夹层分开两端布置，减少管线交叉，给施工和运营带来便利；同时缩短了排风距离，降低了阻力损失，节省了运行费用（图9-13）。

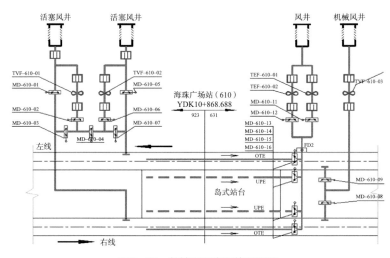

图9-13　单端双活塞系统原理图

（4）无活塞风井系统

在供电系统制动能量反馈效率达到85%以上，加大车站隧道排热效率，在断面客流量、站间距满足一定条件下，可取消个别特殊车站的活塞风道，解决位于市中心或商业中心车站风井布置困难、拆迁代价巨大的问题（图9-14）。

9.2.2.2　空调系统动态负荷特性分析

要设计高效的地铁车站空调系统，首先就必须进行精细化的空调负荷计算，了解目标地铁站空调负荷的动态特性及全年的能耗变化情况，才能为后续的设备选型、控制系统的设计等提供数据基础。对于地铁站来说，精细化的动态负荷计算对地铁设计及运行阶段的能效提升具有重大意义。

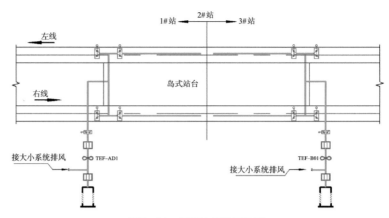

图9-14　无活塞系统原理图

本节提出一套精细化的大系统的动态负荷计算方法，通过充分分析客流随时间的动态变化情况，车站隧道、车站公共区、车站出入口的风量交换的动态变化情况等因素，编制相关计算程序，进行逐时负荷的精细化计算，分析大系统的动态负荷变化特性，避免选型结果的偏大，同时作为后续设备选型及能耗分析的依据。

（1）地下车站客流动态分析

为了方便进行数学分析，需建立客流量与时间的数学模型。观察发现，客流量的峰谷曲线图形与"正态分布"的曲线特征十分接近，可采用高斯函数来拟合客流量的变化曲线。

工作日及周末客流量拟合的高斯函数的各变量值如图9-15、图9-16所示。

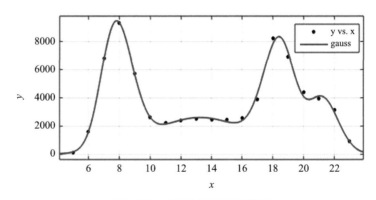

图9-15　工作日客流量拟合曲线

（2）乘客停留时间分析计算

车站客流量一般以小时计，空调余热是以平均同时在场人数作为计算依据，因此小时客流量不能够直接当作计算人员数，必须换算为同时在场人数。

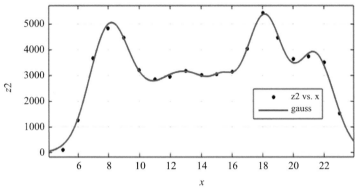

图9-16　周末客流量拟合曲线

停留时间换算，需区分出进站客流和出站客流，根据不同的行为路径计算。以广州5号线某地铁车站为例，在8月6日（周一）典型工作日，全天的进站客流量和出站客流量采用高斯函数进行拟合，拟合结果如图9-17、图9-18所示。

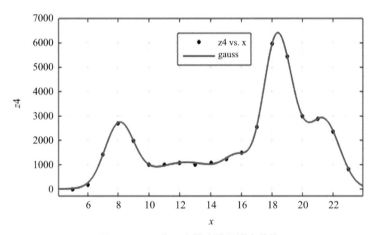

图9-17　工作日出站客流量拟合曲线

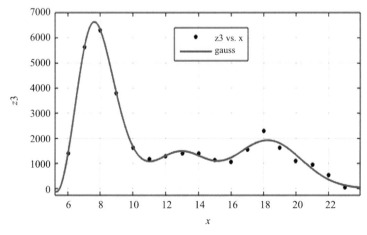

图9-18　工作日进站客流量拟合曲线

假设以上拟合结果得到的函数模型分别为$f(x)_{进站}$和$f(x)_{出站}$。可以确定上、下车乘客分别在站台、站厅的平均停留时间，就可以根据小时的上、下车客流按下式分别计算出站厅、站台同时在场人数，即将小时客流量换算成等效的同时在场人数。

$$G_{c} = \frac{f(x)_{进站}}{60}a_1 + \frac{f(x)_{出站}}{60}b_1 \tag{9.1}$$

$$G_{p} = \frac{f(x)_{进站}}{60}a_2 + \frac{f(x)_{出站}}{60}b_2 \tag{9.2}$$

式中　G_c——站厅计算人员数量；

G_p——站台计算人员数量；

$f(x)_{进站}$——车站小时进站上车客流，人／小时；

$f(x)_{出站}$——车站小时下车出站客流，人／小时；

a_1——上车乘客站厅停留时间，分钟；

a_2——上车乘客站台停留时间，分钟；

b_1——下车乘客站厅停留时间，分钟；

b_2——下车乘客站台停留时间，分钟。

（3）渗漏风量分析计算

地铁车站的新风量不仅来源于新风风亭，还会来源于地铁车站出入口漏风和屏蔽门漏风，两处渗漏既相对独立，又存在耦合关系。采用CFD模拟软件PHOENICS建立某典型车站的站台三维模型，以及采用清华大学开发的STESS软件对广州地铁某线路建立模型，分别分析各类情况的空气交换情况。

采用CFD软件PHOENICS建立三维模型，主要计算参数设置如下：6B编组标准车站，站台每侧设24个屏蔽门，车头至车尾方向从D1-D24顺序编号，每个屏蔽门净开度为2.0米，净高度为2.15米。轨排风机风量为40立方米每秒，其中轨顶排风量占60%，轨底排风量占40%；沿隧道方向均匀设置18个900毫米×300毫米轨底排风风口，沿隧道方向设置12个600毫米×1000毫米轨顶排风风口。车站站台三维模型如图9-19所示。

处于列车的后1/4范围的屏蔽门在列车停站期间的前半段时间内，由于活塞风作用空气由隧道内流向站台，且总气流量随时间呈逐渐减小的趋势。当列车停站时间约12秒时，气流方向发生改变，之后各屏蔽门处空气皆由站台流入隧道。各屏蔽门打开期间累计漏风量的数据见图9-20。

由图9-20可知，列车后1/4范围的屏蔽门两个方向的漏风量基本相当，且总量不大。列车头部位置各屏蔽门整体漏风量相对较大，且由车头至车尾的方向逐渐减小。经统计，屏蔽门打开的20秒时间内，由站台流入隧道的风量

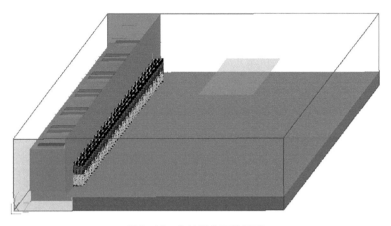

图9-19　车站站台三维模型

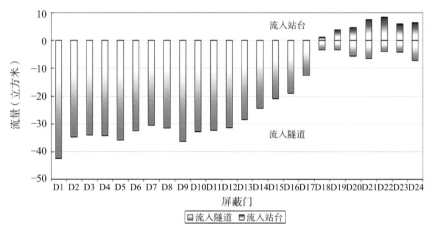

图9-20　各屏蔽门打开期间累计漏风量

为548.0立方米，由隧道流入站台的风量为33.7立方米。必须考虑此部分因屏蔽门开启导致的漏风量。

根据以上这些分析，可以编制相关计算软件，在输入典型年气象参数等相关基础条件参数后，就可以比较精确地计算出地铁车站大系统的动态负荷。

9.2.2.3　基于应用场景需求的冷水机组选方法

国标IPLV（综合效能系数）计算公式划分为100%、75%、50%及25%四个负荷率，是全国统一的IPLV系数值；我国地域辽阔、不同气候分区的气象条件差异显著，不同类型工程亦不相同，全国统一的IPLV系数值对于各地区的具体项目无实际指导意义，IPLV的负荷率以25%为步长划分，跨度较大，导致IPLV用于评价冷水机组的部分负荷性能及其在全年的运行能耗方面的应用往往偏离工程实际。

因此，本节研究细化负荷率步长划分，步长越小，IPLV反应的部分负荷特性更贴近实际运行情况，但公式计算参数过多，不利于工程应用。考虑地铁工程大多以螺杆机为主，通常螺杆机在10%～100%负荷范围可实现无级调节，结合市面主要冷水机组厂家提供的机组负荷特细曲线以及设计人员实际计算的便捷性，本书以10%作为负荷率划分的步长，修正国标的IPLV计算公式中的负荷率由4个工况扩展为10个工况，即部分负荷工况取10%、20%、30%、40%、50%、60%、70%、80%、90%、100%，依次对应部分负荷工况点A、B、C、D、E、F、G、H、I和J。上述负荷工况点的特征值，即平均冷却水温的计算是NPLV（非标准部分负荷值）计算的重要一环，每一工况所对应的平均冷却进水温度为该工况所包含的全部基础数据点的算术平均值，且其所包含数据点的平均温度与工况所代表的负荷率值相等。

NPLV及IPLV在不同工况下的平均冷却进水温度对比如图9-21所示，IPLV随着负荷率的升高，制冷机的平均冷却进水温度越高，在100%负荷率最高。NPLV在70%～90%负荷率时，平均冷却进水温度最高，在40%负荷率时最低。NPLV与IPLV的不同工况点平均冷却进水温度存在较大差异且随负荷率的变化趋势不同，原因是IPLV所反映的建筑负荷特性与地铁负荷特性不匹配。对于广州地铁工程而言，空调季节较长，在远期负荷阶段，早晚高峰车站冷负荷主要集中在70%～90%，因此，该负荷分布范围对应的平均冷却进水温度最高。单机40%的负荷对应的平均冷却水温最低是由于主机运行在该负荷率时主要处于夜间大系统停运，或处于过渡季节空调，此时，室外的湿球温度较低造成平均冷却进水温度低。采用NPLV计算公式，能基于地铁负荷特性进行选型，大幅提高冷水机组全年运行能效。

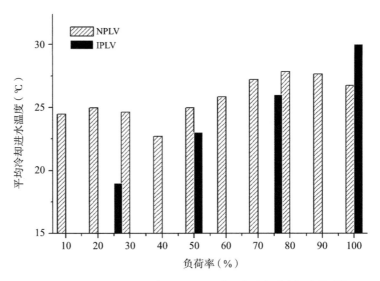

图9-21 NPLV及IPLV在不同工况下的平均冷却进水温度的对比

9.2.2.4　空调区域气流组织模拟分析

气流组织是空调系统末端设备设计及选型时必须考虑的一项内容，合理的气流组织设计，应使空调区域的温度场和速度场满足设计要求，同时将输配流量和分布能耗降到最低。

地铁车站主要的空调区域是公共区的人员停留区和设备区的设备管理及人员管理房间。分析手段主要通过采用CFD对典型地铁站的公共区和设备区的典型区域进行模拟计算，判断末端设备的气流组织是否满足要求，寻找最合理的送风口布置和送风参数。

站台层是人员较密集的区域，基于人体热舒适考虑，在温度能够满足设计要求的同时，人员停留区的风速应≤0.3米每秒。另外风口的送风速度不宜过低，否则会使送风无法到达人员停留区，导致空调效果变差，系统能效降低。

由于站台层长度方向尺度较大，模拟分析只截取部分区域进行CFD的气流组织计算和分析，所选站台层区域平面图如图9-22所示。送风方式为上送上回，送风口为两个格栅风口，回风口为一个格栅风口。

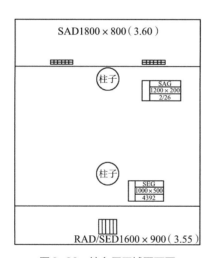

图9-22　站台层区域平面图

设计条件下，空调送风温度为19℃。送风速度为3.16米每秒。根据目前实际客流量数据并假设整个站台区域人员分布均匀，则该局部区域的人员数量约为30人。根据上述条件进行CFD仿真计算，仿真计算结果如图9-23～图9-26所示。

从计算结果可见，整个人员停留区的温度较低，大部分区域的温度处于（22±1）℃的范围内，略低于设计参数要求。主要原因是现状实际停留人员数量较少，按照远期设计负荷计算，人员数量约为目前人员数量的1.5倍。由此可见，站台层区域的温度与实际候车人数关系密切，当人数变化时可对空调系

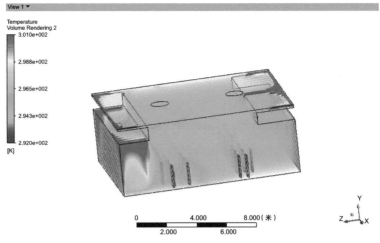

图9-23　站台仿真计算结果

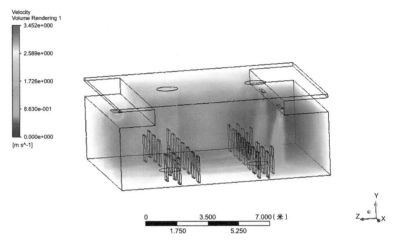

图9-24　站台局部区域整体速度场

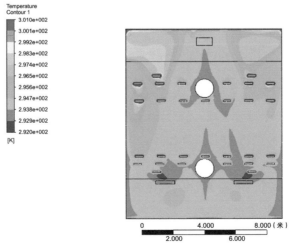

图9-25　站台局部区域整体温度场

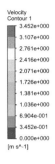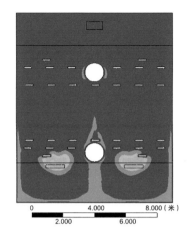

图9-26 站台局部区域1米高度的温度场及速度场

统的送风量或送风温度进行调节。由于质调节会影响室内的相对湿度，因此考虑采用量调节，将该区域的空调送风量下调20%进行末端气流组织的仿真计算。计算结果如图9-27、图9-28所示。

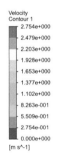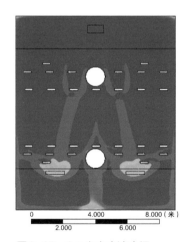

图9-27 0.5米高度速度场

送风量下调20%后，站台区域的温度已明显提高，大部分区域温度已处于22±1℃的范围，部分区域温度高于24℃。站台区的温度和速度可以满足舒适性的要求，但输配能耗就大大减少。

9.2.2.5 环境控制系统智能化管理云平台

环境控制系统智能化管理云平台是基于新时代的物联网技术，实现大量数据采集与保存、分析与计算，建立了能易于分享的云数据库，打通了设计院、建设团队、运维团队以及管理者之间的沟通渠道，使各方都能便利地接

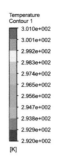
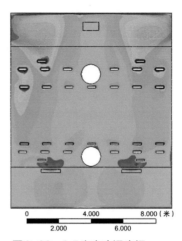

图9-28　0.5米高度温度场

触到现场运行数据，能面对相同的数据分工或合作解决问题，做到数据说话，实事求是。

本技术依托示范车站创立了适用于地铁车站的环境控制系统云端智能平台，践行了全自动运行与远程智能管理模式。结合大规模调研，建立地铁站全寿命周期能耗数据库，建立系统运行数据的远程监测平台，可以远程实时显示多车站、多系统的运行参数，并进行分析、统计及存储。根据采集的数据，调整控制策略及控制参数，从而指导运维，使系统长期高效运行。根据平台积累的数据，经分析整理，为相关规范及标准的制定提供基础数据支撑（图9-29）。

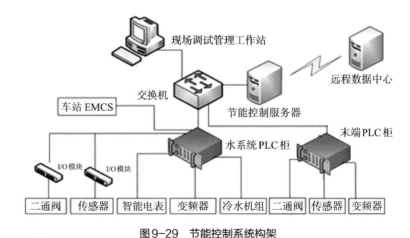

图9-29　节能控制系统构架

环境控制系统智能化管理云平台是基于互联网及物联网技术在中央空调领域发展的新方向，建立完善的大数据平台，基于数据的积累、分析、比较，可对系统设计、安装、维护带来很多改善和提高；不断提炼的逻辑算法，应用在空调节能控制模块上，将带来不断的软件升级，从而使环境控制系统越来越可靠、节能。点击相应的线路及站点进入相关界面，线路的能效数据可选站台温湿度、冷量、电量、COP等主要数据显示（图9-30）。

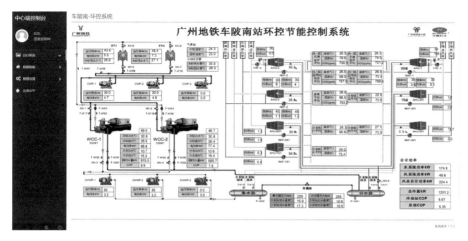

图9-30　环境控制系统智能化管理云平台主界面示例

本节技术通过建立能易于分享的云数据库，打通设计、建设、运维、管理者等基于环境控制系统实际运行状态的沟通渠道，使各方都能便利地接触到现场运行数据，能面对相同的数据分工或合作解决问题，做到实事求是、数据说话。

9.2.2.6　技术落地应用案例

港铁轨道交通（深圳）有限公司（以下简称：港铁（深圳））4号线一期车站空调系统能源管理项目是能源管理技术应用的典型案例之一（图9-31）。港铁（深圳）响应政府节能减排的号召，结合设备表现情况，有效利用市场成熟的

图9-31　港铁（深圳）4号线一期线路示意图

资源，引入竞争机制，对深圳市轨道交通4号线4个车站（福田口岸站、福民站、市民中心站、少年宫站）空调系统提供能源托管服务，相关单位可提供包括车站空调系统改造、节能控制系统配置、施工、调试及运维的全过程空调系统能源托管服务，负责对系统设备运行进行节能改造和运维管理，以保障运营服务水平、降低系统能耗、维持设备稳定可靠运行的目的。具体节能改造内容包括以下五部分：

（1）系统诊断

改造前：针对车站环境温湿度进行分析检测设备状态，对系统进行能效评估，请第三方进行能效检测。

改造后：请第三方进行能效检测，评估能源管理后的节能潜力。

（2）精细化节能设计方法

应用地铁负荷特性分析，核心设备选型，输配系统优化分析，车站空调系统精细化设计优化等技术。

（3）采用高效匹配的设备

更换高效变频冷水机组；更换水泵；更换冷却塔（福民站）；空调器风机段维修；更换相关附属管道及各类阀件；增加智能化水处理。

（4）增加节能控制系统

更换压差旁通阀；更换电动二通阀；更换或新增传感器；增加变频器、节能；系统调试；增加自主产权节能控制系统。

（5）环控控制系统改造

与既有车站EMCS系统接口；集中管理；智能运维。

港铁（深圳）4号线一期车站空调系统改造效益：改造后车站空调系统17年平均COP为3.21，相比于改造前车站空调系统年平均COP的1.70提升了88.8%。改造后首年节能率为50.5%，改造后17年平均节能率为47.18%。经估算，改造后平均每年节省290.82万千瓦时的电量，降低碳排放1532.92吨；改造后17年累计节省4943.96万千瓦时，累计节省碳排放26059.61吨。

9.2.3　新型轨道减振技术

9.2.3.1　城市轨道交通新型减振扣件

城市轨道交通新型减振扣件一般由上铁垫板、下铁垫板、中间减振垫、轨下减振垫、绝缘耦合垫板、预紧组装结构、弹条、锚固螺栓等零部件组成。本技术包含了便于拆装的板下调高垫板、横向挡肩式优化结构、快速弹条式结构体系等系列创新技术；研究了提高低刚度减振扣件稳定性及耐久性的优化方向；提出了横向挡肩式结构体系、快速弹条式结构体系、弹性垫板刚度非均匀设计理论、绝缘耦合垫板结构体系优化等创新点；研制了一种快速安装减振扣件系统及一种挡肩嵌入式压缩型铁路轨道减振扣件；解决了既有减振扣件横向稳定性较差、人工拆装弹条而工效低、弹条异常折断后可能飞溅引发次生病害、湿态绝缘性能欠佳的难题，达到了行业领先水平（图9-32、图9-33）。

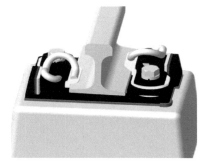 

图9-32　挡肩嵌入式压缩型轨道减振扣件　　图9-33　快速弹条式轨道减振扣件

1.技术特点及优势

（1）可在扣件铁垫板上设置挡肩，将轮轨横向力通过挡肩直接传递给道床，大大改善了扣件系统的受力条件，提高了整体稳定性。

（2）可配套采用快速弹条，利用相应小型机械设备实现快速拆装，解决了人工拆装弹条而工效低的难题。

（3）可配套采用快速弹条，快速弹条上方设置铁座穹顶，解决了传统无螺栓减振扣件在条件恶劣地段弹条异常折断后可能飞溅引发次生病害的难题。

（4）扣件弹性垫板在水平方向上创新采用了刚度非均匀设计，其在受到非均匀载荷时，垫板能够均匀变形，单个弹性单元受力一致，改善了轮轨关系。

（5）扣件的绝缘耦合垫板外轮廓大于铁垫板，增大了下铁垫板到轨枕或道床承轨台的爬电距离，有效提升了减振扣件的湿态绝缘电阻。

（6）减震扣件结构简单、弹性元件可单独拆卸、扣件调高安装方便，减震效果优秀且易安装维护，综合应用成本低。

2.工程应用

挡肩式减振扣件目前已应用于郑州地铁、广州3号线北延及广州"十三五"线路，后续拟在广州新建线路及其他地市城市轨道交通线路推广使用。

9.2.3.2　嵌入式连续支承轨道

针对城市轨道交通振动噪声、波磨、绝缘、日常维养工作量大等问题，研发了嵌入式连续支承轨道整套关键技术，研究了轨道交通运营过程中减振、降噪、轮轨异常磨耗等方面技术，提出了车辆/轨道系统耦合动力学分析和综合设计方法，研制了连续支承无砟轨道结构、高分子阻尼材料、成套的施工、养护维修的工艺及装备等，解决了轨道减振降噪、钢轨波磨控制、车内降噪、提高绝缘等综合性难题，达到了国际领先水平，形成地方和行业标准2项，授权发明专利10余项、授权实用新型专利20余项，荣获了城市轨道交通科技进步奖一等奖、中国交通运输协会科技进步奖一等奖、广东省市政行业协会科学技术奖一等奖、中国技术市场协会金桥奖二等奖、中国发明协会发明创业奖金奖等奖项（图9-34、图9-35）。

图9-34　拼装化嵌入式连续支承轨道　　　　图9-35　现浇嵌入式连续支承轨道

1.技术特点及优势

（1）主动减振+兼具降噪+绝缘+易维养，国内首创，颠覆传统轨道通过扣件离散扣压锁固钢轨的结构形式。

（2）采用高分子阻尼材料约束，提供了对钢轨的连续弹性支承、连续锁固，无扣件，消除传统轨道结构的钢轨Pinned-Pinned共振模态，改善轮轨接触关系，从源头和传播途径上控制轨道及车辆振动、车内外噪声。

（3）减振约12分贝（dB），降噪5～7分贝［dB(A)］。

（4）防杂散电流性能优越，防迷流电阻达到25Ω·km。

（5）结构稳定性好，日常养护维修量小，全寿命周期成本低，经权威机构预测，使用寿命可达到41年。

（6）创新性的施工工艺和养护维修技术，保障建设和运营安全。

2.工程应用

（1）有轨电车：全国有轨电车大量采用，超60公里。

（2）地铁新线：广州地铁5/10/11/12/14/18/22号线、贵阳地铁3号线、苏州地铁S1/7/8号线、福州地铁5号线、青岛地铁6号线等线路（图9-36）。

（3）地铁既有线改造：广州3号线弹性短轨枕改造、广州2号线扣件式轨道改造。

图9-36   广州14号线知识城支线嵌入式轨道

9.2.3.3   市域快线钢弹簧浮置板

针对国内外其他轨道交通工程中钢弹簧浮置板轨道的运营速度不超过140公里/小时的现状，研发并铺设了世界设计速度最高（运营速度160公里/小时、试验速度176公里/小时）的频率与荷载弱相关型钢弹簧浮置板轨道，为市域快线下穿特殊敏感点提供了更优选择。

该新型钢弹簧浮置板轨道由钢轨、扣件、预制浮置板、内置式隔振器、共享式隔振器、中置式剪力铰及基底组成。该结构充分考虑安全性、稳定性及适用性，具有频率与荷载弱相关、参振质量大、拼装化程度高、隔振器刚度及阻尼可调、纵向及横向限位可靠、中置式可更换剪力铰、多级高平顺过渡、实时监测及多重安全保障措施等技术特点（图9-37）。

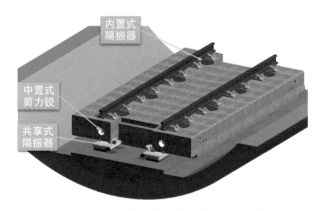

图9-37   市域快线钢弹簧浮置板系统组成

1.技术特点及优势

（1）完成了新产品研发全流程：为了能够有效模拟城轨高速列车与浮置板轨道之间的动态相互作用，评估浮置板轨道不同支座刚度、不同行车速度条件下快速车辆的行车安全性与平稳性，开展了浮置板轨道振动特性仿真，本项目基于车辆—轨道耦合动力学理论，建立了高速列车车辆—浮置板轨道耦合动力学模型，完成了理论分析、系统设计、模具设计制造、室内试验、施工研究及线上试验等工作（图9-38）。

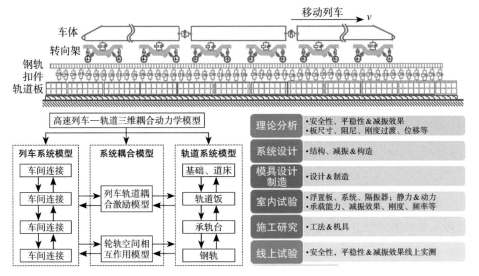

图9-38 动力学分析模型及主要研究内容

（2）频率与荷载弱相关：内置式隔振器包含联合支撑弹簧和静载支撑弹簧两种，该创新设计方案有如下优势（图9-39）。

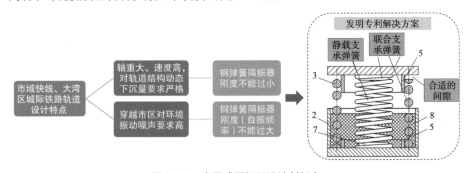

图9-39 内置式隔振器设计创新点

①列车车轮经过时，随着隔振器所受荷载增大，联合支撑弹簧参与受力，使浮置板动态下沉量保持在合理范围，保证行车安全；此时由于列车簧下质量参与浮置板系统振动，自振频率也不会增加过大，保证减振效果达13分贝以上，经第三方测试，隧道壁减振效果达15分贝。

②列车车轮未直接作用于钢弹簧浮置板时，参振质量小，但由于联合支撑弹簧不参与受力，浮置板系统保持较低的刚度，系统自振频率也能保持车轮经过时的水平，实现自振频率与荷载弱相关，较大的振幅也能充分发挥阻尼液的阻尼效果，保证系统在变化动载条件下的振动控制效果。

③施工阶段，仅静载支撑弹簧受力，其设计刚度可以适当降低，使其在浮置板静载状态下压缩量增大，以适应混凝土底座施工偏差，同时提升调平施工效率。

（3）隔振器刚度及阻尼可调：内置式隔振器采用双筒形式，可调整筒内隔振数量和型号，即使在运行阶段仍可对浮置板系统刚度进行调整，结合在线测试结果，调整相关参数，保证浮置板系统的安全运营及减振需求。内置式隔振器可以通过调整阻尼液高度及参数的方式，在运行阶段对系统的阻尼进行调整。

（4）纵向及横向限位：浮置板板端预留安装限位装置及共享式隔振器的空间，共享式隔振器高度低，由多个弹簧组成，其纵向、横向稳定性好，提供安全保障。

（5）中置式可更换剪力铰：预制浮置板板端采用内置式可更换剪力铰加强连接，保证剪力铰不突出道床面，且可以在运营期间更换（图9-40）。

图9-40　可更换中置式剪力铰

（6）多级过渡：当列车高速运行于轨道上时，轨道支撑刚度的平顺性对列车行驶的安全性、平稳性、乘客乘车舒适性等方面起着至关重要的作用。目前，普通地铁所采用的钢弹簧浮置板系统仅在普通道床与浮置板道床衔接位置加密少量隔振器，由于采用的隔振器单一，其过渡段长度、过渡段刚度等级划分均存在不足；本系统采用内置式双筒隔振器及共享式隔振器组合的方案，通过调整隔振器数量、钢弹簧数量、刚度等方式，一方面，可实现加长过渡段长度，另一方面，还可实现刚度多级过渡，确保列车高速、平稳运行。

2.工程应用

市域快线钢弹簧浮置板成套技术已在广州地铁18号线、福州至长乐机场城际铁路、广州东至花都天贵城际铁路、芳村至白云机场城际铁路、南沙至珠海（中山）城际铁路、佛山经广州至东莞城际铁路等工程推广应用，具有广泛的应用前景与可观的经济效益（图9-41）。

图9-41　广州地铁18号线钢弹簧浮置板轨道照片

9.2.4 轨道交通安全韧性增强技术

9.2.4.1 数智融合的智慧安检技术

根据国家相关规定，城市轨道交通站场运营管理单位，在开展反恐防范相关工作中，鼓励应用安检新技术、新模式，进行人员、物品安全检查。此外，《中国城市轨道交通智慧城轨发展纲要》也提出要开展与城轨交通客流相适应的智慧安检模式研究，探索票检、安检合一的新模式，综合采用先进技术，实现"人""票""物"以及异常行为四合一核验，提高运营效率、安全和服务品质。

广州地铁设计研究院股份有限公司对智慧安检系统展开大量研发工作，将传统孤立的安检设备向网络化智能化转变，应用图像识别、大数据等技术，实现危险品智能识别、远程集中判图、设备信息化管理、乘客分级快速通行、重点区域太赫兹检查等功能。

1.技术特点

（1）实施智能物检，基于安检系统云存储和云计算的大数据处理功能，通过AI算法快速、智能识别被检物品的X光图像，有效地辅助判图人员精准识别潜在危险品，在提升危险品识别准确率的同时降低安检员劳动强度（图9-42）。

（2）实施集中、实时、远程判图，通过跨站点、远程、动态的判图任务调度机制，将一个判图员固定检查一个安检点X光片的模式升级为多个判图员在智能AI辅助下动态检查多个安检点X光片的模式，提升人员利用率。同时，远程判图后安检点不再设置判图员专用座席，节约了安检空间，每台安检机增设一个安检门，提高乘客通行效率。

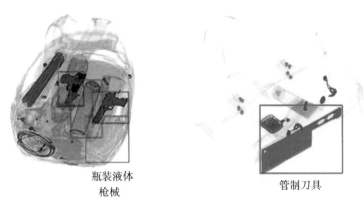

瓶装液体 枪械　　　　　管制刀具

图9-42　AI智能判图

（3）实施智慧人检，升级智慧安检门，增加人脸识别功能，实现了对重点人员精准识别，强化了安全检查的针对性；增加了对乘客随身携带金属物品的位置识别功能；增加红外测温功能实现常态化乘客体温检测；重点通道将安检门升级为太赫兹检查通道，除检查随身携带金属物品外，也能发现乘客随身携带的陶瓷、粉末、塑胶等非金属物品，大大提升了安全检查的全面性（图9-43）。

2350毫米

710毫米　　　　　1990毫米

图9-43　智能安检门

（4）构建网络化信息化管理，实现对设备状态、安检信息、乘客信息等实时分析与监测。开展乘客实名注册及分类安检的研究，对接了公安系统"互联网+可信身份认证平台"，实现了公安系统对注册乘客的身份审核和乘客的安全评估，探索建立可信安全乘客的安检机制。

2.工程应用

2019年9月，广州地铁设计研究院股份有限公司设计的广州地铁智慧城轨示范车站在广州塔站及天河智慧城开放，国内首次提出"智慧安检"概念。在示范取得成功后，全线网智慧安检升级工程于2021年由广州市发展和改革委员会批复建设，本工程对广州地铁既有线路及2023年底前开通的所有线路进行智慧安检建设工作，覆盖全线网共计410座车站，1400个安检点。

成都地铁也开展了全线网智慧乘客服务平台工程建设，包括对成都地铁287座车站的安检点、闸机、半自动售票机及相关车站级设备、中心平台、检测中心设备进行智慧服务设计和建设。目前，网络化、智能化、系统化的安检已在全国轨道交通全面铺开，长沙、深圳、宁波、南宁、西安等城市的新线均有落地实施。

9.2.4.2 城市轨道交通电气火灾预警系统

城市轨道交通电气火灾预警系统的研究与应用，从负荷特点、配电系统、预警系统全面考虑，整体性解决轨道交通电气火灾误报警的问题，实现配电系统全面整体的电气安全保障，实现故障智能分析与远程管理（图9-44）。本研究解决传统电气火灾监控系统频繁误报的重大技术难题，通过应用实施达到以下效果：预报电气火灾准确率高；故障排查时间大幅度缩短；可实现远程控制管理。

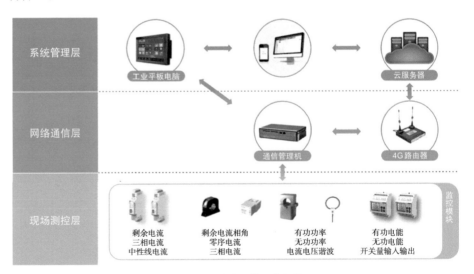

图9-44　火灾预警系统架构

1.技术特点

（1）研发了基于全电参量监测的电气火灾预警系统，创新性地提出智能多维判据，大大提高了电气火灾预报准确率。此外系统还融合能源管理、智能低压、消防切非、消防电源监视于一体，建立大数据平台，实现了资源优化整合。

（2）提出了城市轨道交通电气火灾频繁误报警的根本原因及解决措施。

（3）首创了城市轨道交通电气火灾预警系统智能模块、互感器的故障自诊断及数据自诊断技术，并确立了报警阀值设定原则。

（4）首次提出经济适用的配电系统安全监控技术。

2.工程应用

已在广州市轨道交通14号线枫下站试点应用，可推广应用于各轨道交通地铁车站。

9.2.4.3 轨道交通智能监测和技防装备

针对轨道交通建设、运维期等全生命周期结构安全监测场景，研究了多项高精度、高效率、低成本、智能化监测与检测技术，提出构建"空—天—地—隧"多维立体智能化监测体系，从不同的空间维度，研制出一系列智能化监测和技防装备，包括矿山法多阵列监测传感器、测量机器人自动化监测控制系统、串并联柔性相机网络位移光测系统和城市轨道交通控制保护区无人机智能巡检系统。解决了将技术研究转化为实用装备的难题，成功打造出轨道交通行业领先的智能装备产品，推动了轨道交通保护装备的产业化进程。突破了传统监测方法的技术壁垒，实现全天候、高精度、自动化监测技防，节约了人力成本，提高了现有监测技术水平。

1.技术特点

（1）矿山法多阵列监测传感器（图9-45）：首次提出了基于阵列式传感器测量对矿山法前方土体动态的计算方法，发明了基于阵列式传感器测量的自动化安全设备，实现了矿山法工程施工过程前方土体的动态分析与超前预测，自主研发的监测预控平台响应时间达到秒级。研制了针对城市轨道交通矿山法隧道工程监测的成套设备，填补了矿山法施工过程中前方土体态势自动化监测的技术空白。

（2）测量机器人自动化监测控制系统：研发了基于测量机器人的城市轨道交通结构安全自动化监测成套设备及方法，提出一种基于RANSAC稳健估计

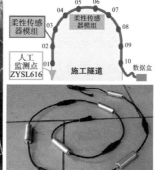

图9-45 矿山法多阵列监测传感器

两步法的狭长区间多测站动态基准传递方法，解决了自由设站模式下的基准点可用性问题，建立了多项目、多测站、大数据管理的自动化监测数据平台，实现监测数据的实时分析和预警，突破了传统监测方法存在的影响地铁运行、无法实施监测等难题（图9-46、图9-47）。

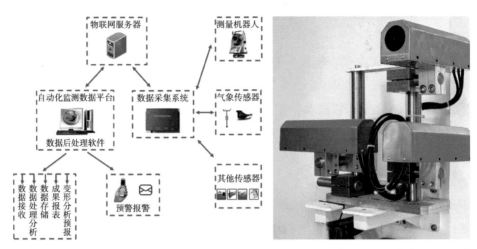

图9-46　测量机器人自动化监测控制系统　图9-47　串并联柔性相机网络位移光测系统

（3）串并联柔性相机网络位移光测系统：可在不稳定观测平台上实现"自校准测量"，突破了现有光学测量方法要求严格稳定平台的限制；大尺度、高精度、跨尺度测量，串联相机系统在1000米范围内测量精度误差小于1毫米；串并联相机系统在300米范围内测量精度误差小于0.5毫米；多点同步动态"精细化测量"，提供新的时空两个维度下的多点静动态变形精细监测方法与数据；可得到精密几何线型、高精度频率和振型等新的状态评估指标。

（4）城市轨道交通控制保护区无人机智能巡检系统：基于无人机飞行平台，建立了地铁保护区无人机巡检图像识别的深度学习模型训练和服务平台，能够自动快速辨识地铁保护区违规作业目标，实现快速巡查与预警。同时，系统首创通过无人机POS、航高和DEM数据，利用共线方程恢复单张影像的瞬时姿态和概略坐标，实现地铁线路与风险源快速定位。研制了无人机智能巡检整套软硬件装备，能够大幅减少人力投入和提升工作质量，为客户提供地铁保护全过程的解决方案（图9-48）。

2.工程应用

（1）矿山法多阵列监测传感器：采用研制的矿山法施工信息化监测软硬件系统，结合构建的施工风险监测预警防控体系，在广州市轨道交通5号线东延段、12号线及同步实施工程、13号线二期农林下路和梅东路站、11号线天河东站及广州白云（棠溪）站综合交通枢纽一体化建设等工程中应用，取得了良

图9-48　城市轨道交通控制保护区无人机智能巡检系统

好的应用效果。

（2）测量机器人自动化监测控制系统：研究成果已在广州、佛山等多个城市中200余个地铁保护自动化监测项目中得到成功应用，产生经济效益过亿，取得显著经济与社会效益。

（3）串并联柔性相机网络位移光测系统：在广州地铁13号线二期东风路进行了道路路面监测，在不影响交通通行的情况下，实现非接触式快速沉降监测；在4号线车陂路隧道进行了应用，测量精度和稳定性满足监测需求。

（4）城市轨道交通控制保护区无人机智能巡检系统：解决了人工巡线存在"盲区"以及作业效率过低的问题，保障了地铁运营安全。快速预警与定位降低了巡检人员的工作强度和企业成本，具有良好的经济效益。目前应用于广州地铁4号线、21号线等线路巡检，大幅提升了巡线效率，减少了现场巡线人员数量和劳动强度。

9.2.4.4　轨道交通结构保护智慧管理平台

轨道交通结构保护智慧管理平台研究了融合多源空间数据、结构安全分析模型、智能化技防、智能监测技术手段，实现桥隧结构风险的多元感知，自动识别定位及预警以及风险管控，推进巡检及日常维护工作的智能化。研发了人机协同的无人机智慧巡检系统，该系统包含八大功能：外业采集、分析与预警、风险管理、巡检管理、全线复核、设备管理、统计分析、特征管理；整合广州地铁的测绘、地质、结构和地下管线等基础数据，融合了三维地理信息技术、物联网技术、无人机及人工智能技术，具备工程基础信息、结构健康信息的输入、查询、发布、分析等功能，可实现地铁线网建设及运营的结构状态感知及安全预警（图9-49～图9-51）。

1.技术特点及优势/创新点

（1）安全管理快速联动：以轨道交通保护业务应用场景为基础，挖掘各项业务的关联关系，建立适合轨道交通结构风险管控协同机制的跨部门、跨层级、跨行业的快速联动体系，强化协同合作，有效提升结构风险管控的联动响

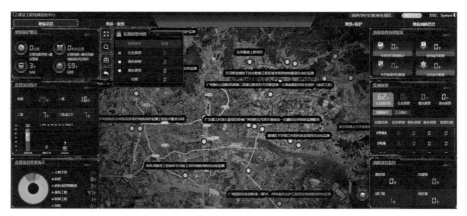

图9-49 轨道交通一张图管控平台

图9-50 监测数据与地质断面联动

图9-51 轨道交通保护风险评估

应效率。

（2）风险防控一体可视：通过融合物联网、大数据、人工智能等数字技术，建立服务轨道交通结构设施风险防控的可视化智能辅助体系，为地铁结构安全事故预防和病害治理提供辅助决策支撑。

（3）风险评估自动高效：建立轨道交通结构风险评估指标体系，构建适用多种场景的风险动态评估模型，实现结构风险自动化评估，有效提升风险评估精度和效率，有助于拓展结构风险评估业务。

2.工程应用

系统已接入18条运营线日常评估、地质与风险管理数据，涉及232个地保项目，使用用户累计达20家，推动了轨道交通结构保护信息系统的建设。

全过程接入了广州地铁累计21年的运营线网结构健康监测数据以及在建工程的基坑监测数据等，本系统还为轨道交通保护提供了联防联控微服务功能，以及保护区无人机智慧巡检等功能；打造轨道交通结构监测信息全生命周期的一图统管。

初步建立了广州地铁线网基础数据一张图，完成广州地铁线网运营线及在建线路平面图层矢量化工作、完成地铁运营线网653公里的地质纵断面和既有线地质钻孔数字化，本系统已接入超过4.5万个地质钻孔数据。

系统未来还可以扩展应用于地质灾害及地面塌陷等领域的城市安全防控，为广州市地下工程运行管理信息系统提供服务与支持。

9.3　总结与讨论

9.3.1　行业科技创新需求总结

截至2023年底，中国共有59个城市开设了城市轨道交通系统，运营线路338条，总长11224.54公里，累计投运车站6239座。随着城市化进程的加快和城市规模的扩大，轨道交通建设和运营面临着日益严峻的挑战。为了应对这些挑战，科技创新在轨道交通工程建设中的需求愈加显著，涵盖了多个重要领域。首先，智慧地铁及全自动运行技术的推广将提升地铁系统的智能化水平和运维效率，全自动驾驶系统将减少人为操作，提升运行安全和精确性。其次，建造新技术的应用，如装配式技术、大断面的盾构和顶管，将加快施工速度，提高工程质量。此外，工程数字化技术，如BIM（建筑信息模型）和CIM（城市信息模型）技术，将进一步优化设计、施工和运维过程，通过信息化手段提升整体工程的管理水平和协同效率。在绿色节能技术方面，研发低能耗施工和运维设备以及新型绿色建筑材料将有助于减少建筑和运维过程中的能耗和环境影响，推动可持续发展。最后，安全监控技术的提升将增强施工和运维过程中的安全保障，有效预防和应对潜在风险。通过这些科技创新的推动，中国城市轨道交通工程建设将变得更加智能、高效、环保和安全。

9.3.2　行业科技创新建议

9.3.2.1　智慧地铁及全自动运行

目前，国内多个城市在推动智慧地铁与全自动运行方面取得了显著进展，各自形成了具有地方特色的创新方案。在智慧地铁领域，城市轨道交通系统逐步实现智能化，覆盖了智能调度、智慧服务、智能管理、智能维护等方面，并普遍构建了支撑城市轨道交通运营的智慧云平台。然而，各城市在智慧系统的应用深度和资源整合方面仍存在差异，未来仍需进一步深化。

基于我国城市轨道交通智慧地铁的发展情况，建议进一步开展以下科研工作：

（1）多源数据融合与智能分析：进一步整合智慧地铁中的各类数据源，包括乘客行为数据、设备运维数据、能耗监控数据等，并通过大数据分析技术挖掘其潜在价值，推动基于数据驱动的智能化决策与管理系统建设。

（2）新一代智能运维技术推广：探索智能运维技术的应用，研究基于人工智能的设备预测性维护系统，推动智能巡检机器人和AR远程协作技术的深度应用，实现地铁系统的全面数字化运维。

全自动运行方面，从2020年开始，国内全自动运行线路的建设进入了一个高峰。截至2023年底，中国已有20个城市开通了39条全自动运行城市轨道交通线路，总长度达到985.30公里，占已投运城市轨道交通线路总里程的8.77%。其中，2023年新开通的全自动运行线路长度为185.66公里，占2023年新开通城市轨道交通线路总里程的20.99%。这一数据表明，全自动运行系统在技术成熟度、规模工程应用以及运营熟练程度等方面已取得了显著突破。

后续发展建议进行以下科技创新研究：

（1）车车通信与列车智能化技术：当前全自动运行主要依赖车地通信，建议进一步研究基于车车通信的列车控制系统，以及智能列车自动避障技术，提升全自动运行系统的安全性与智能化水平。

（2）复杂环境下的自动化技术适应性研究：开展全自动运行系统在极端天气、复杂地形及突发情况下的技术适应性研究，确保系统的稳定性和可靠性。

（3）新型全自动编组系统：推进无人自动编组与解编技术的研发，提升轨道交通系统的灵活性和运营效率，适应多样化的运输需求。

（4）全自动运行与多网络融合：深入研究全自动运行系统与城市综合交通系统的融合方案，尤其是在轨道交通、城市道路、公交等多网络的协同运行方面，进一步提升城市综合交通的智能化水平。

9.3.2.2 建造新技术

目前，装配式车站、预制桥梁桥墩、预制轨道板，以及大断面盾构和顶管技术在城市轨道交通建设中的应用，正逐步成为创新发展的重要方向。这些技术不仅显著提高了施工效率，还有效减少了对周边环境的影响，推动了城市轨道交通建造的现代化进程。

对建造新技术建议如下：

（1）装配式技术的推广与优化：在车站和线路建设中，应充分利用装配式技术的优势，基于不同项目特点，灵活应用预制构件。建议在车站内部结构、出入口、隔墙等位置广泛使用标准化的预制组件，以提高施工精度和效率。同时，针对车辆基地的建设，可以采用装配式混凝土构件与钢混组合结构，进一步提升施工速度。桥梁建设方面，推广预制桥墩和预制桥面板的应用，逐步实现高比例的装配化施工，减少现场浇筑工作量。

（2）大断面盾构与顶管技术的深化应用：大断面盾构和顶管技术的成熟应用，为复杂市区环境中的隧道建设提供了更加安全和高效的解决方案，特别是在管线密集、地面交通复杂的区域。建议进一步深化这类技术在轨道交通车站区间、城市主干道下方隧道中的应用，结合智能化施工监测与管理系统，提高施工的精度和安全性，并减少对周围环境和运营线路的干扰。

9.3.2.3 工程数字化技术

BIM（建筑信息模型）技术作为工程数字化的重要工具，已在城市轨道交通领域得到初步应用。在推广BIM技术的过程中，应结合各地轨道交通建设的实际需求，以及"十四五"发展规划中关于数字化建设的战略要求，制定明确的BIM应用目标和实施路线。通过打造高质量的工程示范案例，推动BIM技术在更多项目中的应用，为行业的数字化转型奠定基础。

根据目前行业BIM技术应用情况，建议进一步开展以下研究

（1）全生命周期的BIM协同设计：建议基于多维BIM模型开展全专业协同设计，覆盖项目的设计、施工、运维全生命周期。通过集成建筑、结构、机电等专业，实现高效协同，优化设计方案，提升施工效率，保障后期运维的数字化管理。

（2）一体化协同设计平台的应用研究：针对新建线路项目，研究在全生命周期一体化BIM协同设计平台的应用。通过该平台，各方能够在同一数字化环境中实时共享信息，减少设计变更，优化施工过程，提高项目的整体管理效率。

（3）BIM支持的装配式设计与施工工法研究：结合BIM技术的优势，深入研究基于BIM的装配式设计与施工工艺。BIM可以帮助精确模拟和分析装配式构件的生产、运输、安装流程，提升装配式技术的推广力度，并为装配式施工项目提供数据支撑和技术指导。

CIM（城市信息模型）技术作为城市级别的数字化管理和规划工具，在城市轨道交通工程中的应用将推动实现全面的数字化管理。通过加速CIM技术的落地，打造具备示范效应的城市级项目，将为未来智慧城市的建设打下坚实基础。

根据目前行业的CIM技术应用情况，建议进一步开展以下研究：

（1）异构数据源的集成研究：建议深入研究如何集成多种异构数据源，包括地理信息系统（GIS）、建筑信息模型（BIM）、传感器数据、历史运维数据等。通过打通这些数据通道，构建一个更加全面、精确的CIM模型，实现对城市轨道交通系统的全方位数据管理与应用。

（2）实时数据采集与动态更新技术研究：推动实时数据采集与CIM模型的动态更新技术的开发，实现对城市轨道交通建设和运营过程的实时监控和动态分析。该技术能够提高项目管理的透明度与效率，为风险预警和应急响应提供

有效的技术支撑。

（3）基于CIM的智能决策支持系统开发：研究开发集成人工智能和机器学习算法的CIM智能决策支持系统，利用大数据分析为城市管理者提供更有效的决策依据。该系统能够在轨道交通建设、运营和维护过程中，提供优化建议，提升资源利用率，确保城市轨道交通系统的高效、安全运行。

9.3.2.4 绿色节能技术

在轨道交通工程建设中，绿色节能技术的应用是实现可持续发展的关键。通过科技创新推动绿色技术的落地，将有效减少工程建设和运营过程中对环境的影响，提升能源利用效率，为轨道交通行业的低碳化发展奠定基础。

根据目前行业绿色节能技术应用情况，建议进一步开展以下研究：

（1）绿色建筑与节能材料应用研究：研究并推广在轨道交通工程中应用绿色建筑设计理念，采用节能环保型材料和可再生资源，减少建筑过程中的碳排放和资源消耗。尤其是站点和地下空间的建设，可通过被动式设计、自然通风、采光等技术降低能源需求。

（2）节能型设备与智能控制技术研究：建议进一步研究节能型机电设备的应用，如高效变频空调、LED照明及再生制动能量回收系统等。同时，结合智能控制技术，实现对照明、空调、通风等设备的实时监控和自动调节，提升能源管理水平，减少运营能耗。

（3）可再生能源技术集成：推动轨道交通工程中太阳能、风能等可再生能源的应用研究，探索在轨道交通站点、车辆基地等场景安装光伏发电系统或风能装置，降低对传统能源的依赖，提升系统的可持续性。

9.3.2.5 安全监控技术

随着轨道交通建造项目的复杂性和规模不断增加，安全监控技术的进步显得尤为重要。为了确保施工过程的安全性和高效性，当前的安全监控系统需要进一步创新与优化。特别是在智能化、实时性、多源数据集成等方面，亟须更加深入地研究和应用，以应对日益复杂的施工环境和潜在的安全风险。

根据当前安全监控技术的现状，建议进一步研究以下方向：

（1）多源传感器数据融合技术：轨道交通施工现场涉及多种传感器，但这些传感器往往独立工作，数据相互孤立。建议将不同来源的数据进行有效融合，以构建更加全面的安全监控体系。这不仅能提高数据的准确性，还能在数据融合后提供更丰富的决策支持信息，帮助管理人员更好地掌握施工现场的实时状态。

（2）无人机和机器人在施工监控中的应用：在轨道交通建设中，某些施工区域可能难以到达，传统监控手段难以全面覆盖。此时，无人机和机器人可以发挥重要作用。研究无人机和机器人在这些区域的巡检和监控应用，不仅可以提供高清实时视频和图像数据，还可以携带多种传感器设备进行环境监测和风险评估，从而提升监控的灵活性和覆盖范围。

（3）安全监控系统的智能化决策支持：随着数据量的增加，人工决策越来越难以应对实时安全管理的需求。建议进一步将人工智能和机器学习算法融入安全监控系统，自动分析和处理监控数据，识别潜在风险，并生成安全风险报告和优化建议。这种智能化的决策支持系统可以显著提高安全管理的效率和准确性，减少人为失误的风险。

10　上盖物业开发篇
——"轨道+物业" TOD 站城一体化

10.1　概述

10.1.1　TOD 的概念

随着时代进程不断加快，城镇化速度也在加快，于是城市内拥堵、无序蔓延、资源浪费等弊端逐渐被暴露出来，让人们必须重新思考、优化城市建设模式。TOD（Transit-Oriented Development，公共交通为导向的开发）作为城市建设概念的先进范例，通过在公共交通枢纽周边及沿线进行混合功能及高密度开发，实现集交通、商业、产业、文化、生活等多维一体的集中型综合城市功能聚合，从而疏解城市拥堵的状况。

TOD 即是指"以公共交通为导向的发展模式"。其中的公共交通主要是指火车站、机场、地铁、轻轨等轨道交通及巴士干线，然后以公交站点为中心、以 400～800 米（5～10 分钟步行路程）为半径建立中心广场或城市中心，其特点在于集工作、商业、文化、教育、居住等于一身的"混合用途"，使居民和雇员在不排斥小汽车的同时能方便地选用公交、自行车、步行等多种出行方式。城市重建地块、填充地块和新开发土地均可以用 TOD 的理念来建造，TOD 的主要方式是通过土地使用和交通政策来协调城市发展过程中产生的交通拥堵和用地不足的矛盾。公共交通有固定的线路和保持一定间距（通常公共汽车站距为 500 米左右，轨道交通站距为 1000 米左右），这就为土地利用与开发提供了重要的依据，即在公交线路的沿线。尤其在站点周边土地高强度开发，公共使用优先。

随着我国城市轨道交通和高铁网络的飞速建设，轨道交通对于城市变革的推动力日益增大，而 TOD 视角下的轨道站点及其周边开发，对城市功能和开发价值的提升获得广泛认可，迎来空前发展机遇。

10.1.2 日本以"站城一体化"开发模式，进阶城市未来

日本以轨道交通为导向的TOD站城一体化开发，经过多次优化变革，已深入贯彻于城市轨道交通规划、设计、建设、运营等各个环节。同时，日本也是世界上"TOD站城一体化"开发模式实践最早、应用最广、发展最为成熟的地区之一。日本是一个国土面积狭小、人口密度超高的岛国，轨道交通发展至今已近百年。目前，由"地铁+私铁+JR+新干线"等构成的轨道交通网四通八达，贯通城市的每一个角落，日本也因此被称为"生活在轨道上的国家"，其轨道交通占比城市公共交通的分担率高达74%。

在轨道交通的大力发展下，日本轨道交通站点的开发模式也日益完善，目前已演化到了TOD4.0模式，即从"站+城"到"站+城+人"的一体化开发。值得一提的是，日本不是由于城市无序蔓延后出于对生态环境的考量才开始推广该模式，而是从20世纪20年代就开始了城市建设与轨道交通发展结合的探索。至今为止，日本已经进行了无数次以轨道交通为中心的集约型城市开发。以轨道交通最发达的东京为例，其在轨道交通建设之初，就以轨道交通系统与土地使用的深度结合为前提，将商业、办公、住宅等功能按照圈层布局。因此在东京，居民可以乘坐轨道交通方便地到达城区的任何目的地，并且从地铁口就能直达办公大楼和商业中心。与世界大多数TOD的建设都是从城市空间形态角度出发，考虑车站周围综合功能的开发不同，日本的站城一体化开发不仅局限于城市空间规划，而是由同一主体同时承担轨道交通建设和城市开发，因此日本轨道交通公司并不只是单纯运营轨道交通，其还在房地产、商贸等领域稳步发展。日本的站城一体化开发根据选址和轨道交通车站形式的不同，又可分为两种开发模式：一是，"以枢纽站为中心的集聚式开发"；二是，"与轨道交通同步建设的沿线型开发"（图10-1）。

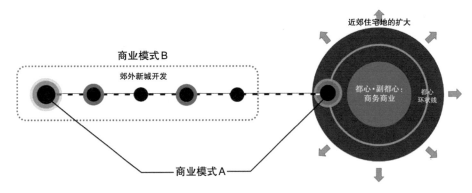

图10-1　站城一体化开发的两种模式

图片来源：南粤规划

两种模式既有区别又有联系，一方面，前者实现了车站周边土地的高效利用，后者能促进基础设施建设，提高沿线房产附加值；另一方面，这两种模式均能将枢纽车站与周边地区建设成为高品质的功能性空间，并在持续保障轨道交通收益的同时，通过非轨道交通的经营，增大收益范围。其中，"以枢纽站为中心的集聚式开发"模式多选址历史悠久的城市商业区，周边大部分土地都已建设完毕，只能开辟出高度复合的土地用于枢纽站建设。因此该模式采用的主要方式是利用密度较低的轨道上空，将交通、商业、文化等功能整合于一体，增强枢纽站的交通、商业运营能力（图10-2）。

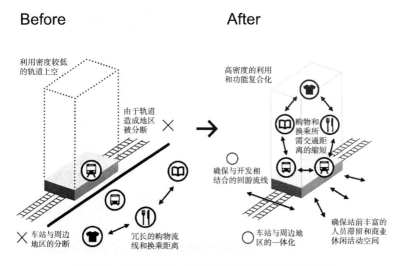

图10-2 "以枢纽站为中心的集聚式开发"模式概念图

图片来源："南粤规划"微信公众号

10.1.3 香港地区TOD，为改变城市而生

港铁公司运用"轨道交通+土地综合利用"商业模式，成功在香港地区开拓多条轨道交通线路，积极综合利用开发沿线土地，为香港地区市民提供超过1200万平方米楼面的多种功能生活空间。同时通过东涌线、将军澳线等多条轨道线路，带动了香港地区多个新市镇的开发、建成、发展及兴起。在这一过程中，港铁公司积累了大量运用"轨道交通+土地综合利用"模式的成功经验，如以轨道交通为主导的城市规划与土地利用；住宅、商业、公共设施统筹协调发展、商品住房与政府公屋、廉租房有机融合、城市中心区与城市拓展区、郊区、新市镇协调发展、轨道交通投融资多样化等经验。这一模式通过轨道交通与土地综合利用的协同效应、集约用地，带动新市镇的形成，以轨道站点为中心形成交通枢纽和商业中心，推动新区建设、旧区改造，关注生态环境保护，减轻公共财政负担，从而使城市可持续发展，加快城镇化的步伐（图10-3）。

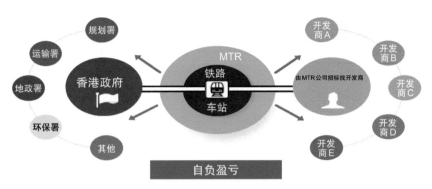

图10-3 "港铁模式"概念图

1998年，香港地区开通了机场—东涌线，将新机场引到了市中心；2002年开通了将军澳线，由此创造出一个新兴的住宅区。2005年开通迪士尼线，将大量的游客引领到这一世界级的休闲娱乐乐园。"人跟线走"的规划策略，让"轨道交通+土地综合利用"的模式绽放出新的活力，令香港地区出现了让人欣喜的城市化发展。

"轨道交通+土地综合利用"的模式是一种集地铁投资、建设、运营和沿线土地综合开发于一体的综合开发模式；根据香港地区地铁三十年来的成功运作经验，其核心特征是：政府可选择无须投资，仅需将地铁沿线一定规模的物业开发用地的开发权授予地铁公司，同时按未规划建设地铁前的市场地价标准收取地价，而政府亦不需担保地铁公司的贷款。政府亦可选择做有限度投资从而降低开发物业补贴；港铁公司享有沿线一定规模土地在地铁开通后的增值收益，承担全部的地铁建设成本和运营成本，并统一规划物业与地铁的设计，提升客流，使项目能自负盈亏；港铁公司将地铁与物业统一规划、统筹管理，并通过公开、公平的方式招标选择沿线物业用地开发商，由开发商实施具体开发行为，地铁公司实施全程监管、协调，并与开发商分享物业开发收益。港铁在物业开发完毕前将所有土地使用权保留在自己名下，不抵押，也不转让，以便在开发商无力完成开发或出现金融风险时，港铁公司仍能自己继续完成工程，确保物业及营运收益和地铁的正常运营。

借助"轨道交通+土地综合利用"的发展模式，香港特区政府不但没有为轨道交通的建设和运营背上补贴的包袱，反而从出售给港铁公司的土地收益、公开招股收益、股息等方面获得了巨大利润。计算现在政府拥有的港铁公司的股份，香港特区政府合计从地铁的建设与运营商中赚取了约2000亿港元的利润，而港铁公司造就的社会价值更是不言而喻。"轨道交通+土地综合利用"模式的核心在于把轨道交通投资建设和沿线土地开发升值相紧扣，利用物业开发回收的增值部分填补轨道项目的资金缺口，达到合理回报。在这一模式下，大股东政府给予港铁公司土地发展权，对地块进行总体规划。港铁公司以该地区没有铁路前的地块价值估算，向政府支付地价。港铁公司兴建地铁，同时与开发商合作地上物业。物业价值因地铁发展而提升，港铁公司将物业升值所回收的利润"反哺"地铁建设、运营和维护。如今，物业发展及投资已经成为港铁公司除票务外的一大收入来源。

在中国，香港地区是TOD站城一体化模式的先行示范者。西九龙站，既是香港的"中枢神经"，亦是香港首个TOD项目，其在地上地下共打造七个层次的立体空间，实现了交通枢纽功能与城市物业功能的有机体结合。通过西九龙站的更新，吸引了众多国际一流的投行与金融机构如摩根士丹利、瑞士信贷和德意志银行等汇聚于此，也造就了西九龙站"超级黄金岛"的美名。

10.1.4 深圳"轨道＋物业"实践经验

深圳市从2004年建成开通第一条地铁，到目前建成运营轨道交通一、二、三、四期工程，总计线路长度567.1公里、393个车站，为加快构建更加紧密完善的轨道交通网络，深圳轨道交通建设进度一直在持续更新。截至目前，"国铁、城际、城轨"三铁在建项目共28个、在建里程达627公里，有力促进交通基础设施互联互通。深圳地铁在全力以赴推进机场东枢纽、西丽高铁枢纽、平湖枢纽、五和枢纽、坪山枢纽等枢纽的建设和前期工作。其中，机场东枢纽已经全面开工建设，建成后可以实现4条地铁线以及深江铁路的便捷换乘。西丽高铁枢纽建成后，可以实现4条地铁、4条铁路、2条城际铁路的完美换乘。2035年全市轨道交通线网规划33条线路总长1335公里，未来15年深圳轨道交通仍将处于建设高峰期。

深圳市地铁集团有限公司（以下简称：深铁集团）经过近20年探索实践，通过模式、制度、机制、技术、开发和合作六大创新，形成了具有持续自我造血机制的深圳"轨道＋物业"模式。截至2024年10月8日，已获取综合开发项目32个（政府配置项目23个，市场化拓展项目9个）、代建项目15个。总建筑面积共计约1818.80万平方米，在建项目30个（含代建），在建面积约1139.16万平方米。现有保障性住房项目24个（含代建），其中，已建成项目交付约2.34万套，交付面积约163.81万平方米，在建项目建筑面积约218.11万平方米，提供保障性住房超2.53万套，主要有深铁懿府、深铁瑞城、深铁珑境、深铁璟城等项目。深圳地铁置业集团有限公司（以下简称：深铁置业）连续9年销售额超100亿元，连续8年名列深圳市房地产开发企业综合实力排行榜前3甲，推动地铁上盖住宅用地公共房建设比例超50%，配建学校、幼儿园共计34所。经过20多年的发展，确立了国家铁路、城际铁路、城市轨道交通"三铁合一"

的产业布局和轨道建设、轨道运营、站城开发、资源经营"四位一体"的核心价值链。依托"三铁合一"产业布局和站城一体化开发核心竞争力，构建从地下到地上、从交通到生活面向未来的轨道城市，做轨道城市的缔造者。截至2024年6月底，深铁集团注册资本金466.8121亿元，总资产6616.10亿元。深铁集团积极践行"以公共交通为导向"的TOD发展模式，以地铁上盖及沿线物业的升值效益"反哺"轨道交通建设运营，"轨道+物业"模式日益与城市深度融合，以枢纽为代表的"站城一体化"项目逐步成为核心产品。深铁集团已构建写字楼、商业、酒店、广告传媒等多种产品体系。全面践行"先行示范"理念，坚定扛起"交通先行官"的发展使命，以基础设施高质量发展试点为契机，加快建设一流设施、一流技术、一流管理、一流服务、一流效益、可持续的轨道交通基础设施，有力支撑粤港澳大湾区和深圳都市圈建设，以实际行动彰显"厚德载运、深铁为民"的企业精神。同时，更好地统筹发展与安全，更加注重质量和效率，更加突出社会和经济"双价值"创造，更好地服务城市高质量发展和市民高品质出行"双需求"，实现"人享其行，物畅其流"（图10-4）。

图10-4 "轨道+物业"TOD核心要素

10.1.5 "轨道+物业"模式的核心是土地资源的创造和获取

深圳市在土地出让制度等方面进行了系列制度创新。一是，开创立体空间的分层出让。深圳通过逐步完善机制，理顺了轨道交通设施用地及上盖开发用地分层出让形式和用地出让方式。上盖物业与地铁设施在不同标高分层划分用地权属，实现了在轨道交通便利地段立体复合利用土地资源，利于车辆段上盖土地使用权的获取。2008年4月，深圳市国土资源和房产管理局将这三宗地发布挂牌出让公告，采取三块地捆绑的方式挂牌出让。二是，探索上盖物业作价出资的制度创新。2013年深圳市政府出台了《深圳市国有土地使用权作价出资暂行办法》和《深圳市国有土地使用权作价出资工作委内部实施流程》，在深铁集团等三家企业内先行先试，确保封闭运行，风险可控。将经策划形成的轨道交通上盖物业使用权以注册资本金方式直接注入深铁集团，作为政府投入轨道交通工程建设的初期资金。作价出资方式获得土地更加简洁便利，也使轨道与上盖建设同步成为可能。深铁集团通过作价出资共获得了前海枢纽等8块土地。三是，适应土地配置方式政策调整。2016年12月31日，国土资源部、国家发展和改革委员会、财政部等8部委联合发布《关于扩大国有土地有偿使用范围的意见》(国土资规〔2016〕20号)，提出能源、环境保护、保障性安居工程、养老、教育、文化等项目用地，可以土地使用权作价出资的方式供应土地。2017年3月7日，国务院办公厅发布了《国务院办公厅关于进一步激发社会领域投资活力的意见》(国办发〔2017〕21号)，在2016年8部委意见的基础上，将土地使用权作价出资的范围扩大到医疗用地。根据上述政策变化，市规资局明确表示住宅、商业、办公等经营性用地不得再以土地使用权作价出资的方式供应，市政府常务会审议轨道四期融资地块配置及开发方案中也明确提出不再采用作价出资的供地方式，后续改为采用公开市场招拍挂方式，以市场化自筹资金方式支付地价。

在深圳市政府的支持和指导下，不断探索资源拓展方式创新，协调推动车辆段上盖物业实施分层设权、分别供地，实现轨道交通便利地段立体复合利用土地资源；积极探索对轨道周边土地进行统筹规划和组局开发，全面创新站城一体城市更新模式；秉承"厚德载运、深铁为民"的企业精神，推动轨道上盖承载更多民生工程，拓宽公共住房供应渠道；强化TOD综合开发内部协同机制，全面提升站城一体开发水平。"十四五"期间，深圳市轨道交通投资规模巨大，面临很大的资金压力。"轨道＋物业"模式作为多元化投融资模式之一，打造以开发收益弥补轨道建设投入的投资性业务价值闭环，形成了良好的自我造血机制，确保轨道交通事业良性发展。深铁集团打造"两个1000"公里：在建及运营服务的轨交线网规模超过2000公里，加速深圳与惠州、东莞、汕头等地轨道联通；2035年全市轨道交通线网规划33条线路总长1335公里(图10-5～图10-10)。

"轨道＋物业"模式日益与城市深度融合，以枢纽为代表的"站城一体化"项目成为深铁站城一体经营业务的核心产品。深铁集团努力践行"以公共交通为导向"的TOD发展模式，一方面，充分利用上盖空间再造土地资源，另一方面，以地铁上盖及沿线物业的升值效益反哺轨道交通建设运营，实现城市轨道交通的可持续发展。

向空间要土地，是深圳解决土地资源短缺和空间发展格局受限的重要举措之一。"轨道＋物业"模式对轨道上盖空间高效开发，在轨道交通便利地段立

图10-5　2014年前海时代项目实景照片

图10-6　2018年前海时代项目实景照片

图10-7　2020年大运地铁枢纽实景照片

图10-8　大运枢纽"站城一体化"设计效果图示意

图10-9　2024年机场东车辆段综合开发项目实景照片

图10-10　深铁机场东车辆段综合开发项目设计效果图示意

体复合利用土地资源，为城市发展创造了大量土地资源，拓展了城市发展空间，完善了城市功能。主动联合国内科研机构和相关高校，突破轨道交通上盖物业和地下空间技术限制；主导编制上盖物业开发设计指南和标准体系，填补了轨道交通车辆基地上盖建筑结构设计的空白，将上盖建筑高度从50米提高到150米以上，既为城市实现更大规模的"造地"目标，又成倍提升了项目开发空间和经济效益。深铁集团充分发挥"轨道+"的资源整合优势，逐步搭建"融资+市场化"多元融合的开放平台，联合行业标杆企业，组局拓展市场化项目资源，借助"三铁合一"优势，提前研究都市圈轨道交通沿线土地，助力建设粤港澳大湾区轨道都市圈，打造"站产城一体化"标杆。

10.1.6 TOD国家监测评估平台建设探索

全球环境基金（GEF）"可持续城市综合方式示范项目"中国子项目中的国家层面项目，与北京、天津、深圳、贵阳、宁波、南昌和石家庄7个试点的城市层面项目构成"1+7"的组织模式。探索我国TOD发展中面临的交通设施建设与城市发展缺乏统合、实施机制研究不足、TOD理念与规划难以落地实施、公众认知基础匮乏、城市规划建设管理各环节缺乏有效的协同机制等问题的有效解决路径。同时，TOD也是探索绿色低碳发展路径、推动治理模式转型和体制机制创新的重要领域。形成国家层面TOD监测评估平台，以探索我国城市TOD发展的监控和管理机制雏形；为城市提供可学习推广的成功案例和操作范本；建立国内外相关部门间的长效沟通机制；并推广TOD发展理念，引导城市居民生活方式的改变为目标。限于项目周期及数据可获得性等因素，项目在研究内容上以城市轨道交通涉及的相关TOD内容为主体，暂未扩展到对火车站、机场等节点区域的研究。

平台搭建了部、省、市三级联动的系统架构。其中，"中国城市TOD资源资讯系统"为部、省、市统一入口，通过账号密码进行权限管理；"中国城市TOD监测评估系统"为部、省、市独立入口，依各层级管理内容确定数据范围、数据精度及平台功能。该平台的数据库标准及平台建设标准与统筹城市规划建设管理的综合工作平台——城市体检评估信息平台统一设计、同步开发。TOD作为重要专项之一，与城市安全平台、海绵城市评估监管平台、城市市政基础设施综合管理信息平台等一系列平台，共同构成城市规划建设管理的专项工作平台。"综合"+"专项"的工作平台，向下以城市CIM平台为基础，向上以城市运行管理服务平台为服务界面，形成统筹城市规划建设管理的数字化、网络化、智能化的平台体系。

在业务内容上，住房城乡建设部2020年的城市体检工作中，在交通便捷维度上，考虑了绿色低碳发展的新要求，增设了轨道覆盖通勤人口情况、绿色交通出行情况、慢行交通设施情况等方面的评价指标，与其他7个维度共同构成对城市建设整体状况的综合评估；其评估结果将与本项目TOD视角的专项评估形成"综合"＋"专项"模式的体系化的城市体检评估方法。该项目由中国城市规划设计研究院城市规划学术信息中心、城市交通研究分院共同承担（图10-11、图10-12）。

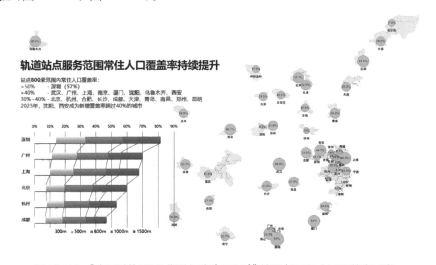

图10-11　《中国城轨TOD指数报告（2024）》摘要｜TOD人口覆盖率示意

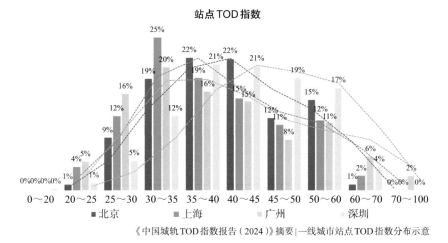

《中国城轨TOD指数报告（2024）》摘要｜一线城市站点TOD指数分布示意

图10-12　《中国城轨TOD指数报告（2024）》摘要｜一线城市站点TOD指数分布示意

10.2　政策与标准

10.2.1　土地政策创新

地铁上盖物业开发首先要解决的依然是优质"面粉"的问题，土地作为物业开发的生产资料，如何能第一时间合规合法地取得是轨道交通企业要解决的重要问题。轨道交通建设为城市的基础设施建设，而轨道交通物业发展涉及经营性用地建设，轨道交通物业的发展需要占用城市的建设用地指标，加上土地出让收益的分配机制等问题导致项目所在地主管政府对轨道交通物业开发积极性不高。此外，由于轨道交通物业开发的特殊性，物业项目需与轨道交通的建设同步实施，但该阶段轨道交通建设的投资审批不允许包含经营性项目，使得许多轨道交通物业项目无法取得立项，致使项目无法同期实施。很多城市政府有意向鼓励轨道交通公司参与轨道交通物业开发，但实际步伐较小，政策的执行与落实存在一定的过渡期，制约因素仍然较多，无法落实操作条件。使得轨道交通线路在实施时沿线的土地已经规划他用或已经批出，很难进行综合开发，相应弱化了上盖物业开发在拓展城市发展空间、提升城市效益空间、改善城市生态空间的主导作用。

我国土地的相关法律规定，经营性用地必须通过公开招拍挂程序进行出让。因此直接导致地铁公司在参与轨道交通物业开发过程中无法进行一二级的联动开发，如车辆段上盖综合利用项目，轨道交通公司在完成车辆段上盖建设后须进入土地储备中心入市交易。近年来，随着轨道交通物业开发兴起，发展逐渐成熟，国内外大中型房地产开发企业也开始关注并投入开发经营领域，市场竞争明显加剧。受现有轨道交通投融资体制的限制，无论轨道交通项目是否盈利，都有政府财政兜底，轨道交通企业经营业绩与经营者的收入并没有必然联系，企业经营者没有进行综合开发的积极性和主动性，难以进行上盖物业开发。

轨道交通物业开发前期准备和建设用地审批等复杂过程，涉及政府的部门较多。综观全国情况，绝大部分城市都尚未形成较为完善和统一的轨道交通物业开发审批流程，大多处于一事一议的阶段，事实上导致项目的审批流程较为繁琐和复杂，客观上不利于物业项目的推动和规模化发展。

轨道交通空间综合开发项目用途复杂，包括地下空间、市政道路、公园、销售经营性物业等多种用地类型，涉及供地方式、价格、手续、权属登记等各个环节。由于国内上盖物业开发尚处于起步阶段，为确保轨道交通综合开发项目顺利实施，加强地上地下空间、轨道交通场站与周边用地的统筹规划和协同建设，各地相继出台了相关政策文件。借助城市轨道交通物业发展蓬勃兴起的东风，国内城市也在土地政策方面取得了先行先试的宝贵经验，也助推所在城市的轨道交通企业取得了可观的社会与经济效益。

（1）北京市出台了《北京市轨道交通场站与周边用地一体化规划建设实施细则（试行）》和《北京城市轨道交通车辆基地综合利用规划设计指南》，规范车辆基地综合利用项目规划审批建设工作，为车辆基地综合利用提供了规划和审批依据，避免"一事一议"，保障规划落地实施，优化轨道交通周边用地程序审批和土地供应机制，明确投资分摊和收益分配机制，促进轨道交通建设与城市建设的有机融合。例如北京市五路车辆段项目依据上述指导意见，采用分层确权，创新三维立体方式以综合服务设备结构转换夹层底板防水层为界，合理划分轨道交通与二级开发使用功能，将结构预留阶段难以实施的融合性设计理念及轨道交通运营安全等相关要求，纳入土地招拍挂文件，由二级竞得人接续落实一体化相关事宜。

（2）上海市印发了《关于推进本市轨道交通场站及周边土地综合开发利用的实施意见》和《关于加快实施本市轨道交通车辆基地及周边土地综合开发利用的意见》，上海为首个专门针对轨道交通车辆基地综合开发颁布政策性文件的城市。在规划阶段加强前期设计控制，在轨道交通线网规划编制中，根据城市开发边界和地区功能布局，同步研究各车辆基地综合开发的总体要求。车辆基地选址原则上应有利于综合开发。在轨道交通选线专项规划编制前，由市规划资源局和市交通委牵头，轨道交通建设运营主体参与，先行研究各车辆基地及周边土地综合开发的选址、规划控制要求，符合开发条件的车辆基地规划方案，原则上应达到控制性详细规划深度，并明确各车辆基地的功能定位、开发范围、开发规模和相关控制要素等，作为轨道交通项目启动的条件。根据轨道交通车辆基地周边地区现状用地条件、地块规划功能及用地完整性等实际情况和轨道交通资金平衡需要，确定车辆基地周边综合开发范围。对轨道交通场站及周边土地综合开发的规划条件、开发方式、开发主体、收益管理作了积极探索。创新轨道交通综合开发土地利用方式，鼓励主体发挥自身优势，轨道交通建设主体、相关企业可以单独或联合设立开发主体，轨道交通场站综合建设用地可以采取协议方式出让给开发主体。

（3）广州市印发了《广州市轨道交通场站综合体建设及周边土地综合开发实施细则的通知》等政策，支持建设综合交通枢纽，打造绿色出行交通系统，推进土地集约高效利用。创新采用高程坐标方式，实现轨道交通上盖用地分层出让新模式，并根据轨道交通场站综合体用地的土地来源，同时结合城市更新政策，按不同类别确定不同的收储补偿标准及流程。

（4）深圳市印发了《深圳市地下空间开发利用管理办法》等政策，从规划管理、用地管理、建设管理、使用管理等方面予以明确规定，以促进地下空间综合、系统开发，集约节约利用城市空间资源。根据该管理办法，地下空间优先用于建设交通、市政工程、防空防灾、环境保护等城市基础设施和公共服务设施；鼓励地下空间建设商业、工业、仓储、物流设施以及体育、文化等项目；禁止地下空间建设住宅、幼儿园（托儿所）生活用房、养老生活用房等项目以及中小学普通教室。在规划管理上，办法提出，在专项规划层面，明确地下空间开发利用专项规划应当符合国土空间总体规划，并与人民防空、轨道交通、建筑废弃物治理、环境保护等专项规划相衔接，地下空间开发利用专项规划应当划定重点地区范围，并对近岸海域的地下空间开发作出统筹安排；在控制性详细规划层面，实行重点地区地下空间详细规划和重点地区外规划指引的二元模式。在用地管理上，地下空间建设用地使用权的深度和范围按照满足必要的建筑功能和结构需要确定。地下空间建设用地使用权符合划拨规定的，按照划拨方式供应；商业等经营性项目，或者同一宗地下空间建设用地有两个以上意向用地者的，应当采用招标、拍卖、挂牌方式供应。符合规划并且满足特定情形的，可以协议出让地下空间建设用地使用权，其中需要穿越市政道路、公共绿地、公共广场等公共用地的地下连通空间或者连接两宗已设定产权地块的地下连通空间，全天候向公众开放的，可以按照公共通道用途出让，允许配建一定比例的经营性建筑，公共通道用途部分免收地价。在建设管理上，办法明确市政府可以在地下空间重点地区划定集中开发区域，集中开发区域应当对地上地下进行整体规划设计。地下空间开发建设中，建设单位在规划基础上增加城市基础设施、公共服务设施等情形的，可以给予容积转移或者奖励、地价优惠、财政奖补或者依法实施税收减免等，具体办法由相关部门制定后报市政府批准。在使用管理上，办法明确地下空间建（构）筑物和设施的所有权人为地下空间维护管理责任人。维护管理责任人应当建立地下空间安全使用和维护管理制度、突发事件应急预案，并按照规定配备报警装置和必要的应急救援设施、设备。

（5）杭州市出台了《杭州市城市轨道交通地上地下空间综合开发土地供应实施办法》《杭州市城市轨道交通上盖物业预留工程前期审批指导办法（试行）》，开展了地铁车辆段上盖综合开发专题城市设计，编制了《杭州市地下空间开发利用专项规划（2012—2020年）》，加强与轨道交通等专项规划的衔接协调，通过控制性详细规划明确重点地区开发利用等内容。杭州市采取差异化供地模式，将空间使用权进一步细化，符合《划拨用地目录》的非经营性地上、地下空间，以划拨方式供应；不具备单独规划建设条件的经营性地下空间，以协议方式供应；不具备单独规划建设条件的经营性地上空间，可带技术条件以招拍挂方式公开出让；具备单独规划建设条件或与地铁场站有地下连通要求的经营性地上、地下空间，以招拍挂方式公开出让。

（6）成都市在市级层面陆续出台了多项顶层实施政策支撑，出台了《关于轨道交通场站综合开发的实施意见》《成都市轨道交通场站综合开发专项规划》

《成都市轨道交通场站一体化城市设计导则》《成都轨道交通场站综合开发实施细则》《成都市轨道交通场站综合开发用地管理办法》等政策法规，采取整体规划、整体供地、分层登记，建立了在同一宗土地上划拨与出让方式相结合、地上与地下项目相结合、经营性用地与市政设施用地相结合的轨道交通上盖综合开发项目协议出让整体供地新模式。依据相关政策支持，成都市数十个站点开展了TOD综合开发一体化设计，14个示范站点逐步进入建设阶段，未来发展可期。

10.2.2　技术标准突破

轨道上盖物业和地下空间都属于新的物业开发形态，国内尚无明确的开发标准，而以往的建设标准又严重地限制了轨道上盖物业和地下空间的综合开发利用。为最大限度地利用轨道上盖物业和地下空间，针对轨道上盖物业的载重、限高以及防火等技术，要求行业和企业联合开展技术攻关，为新形态的轨道上盖物业及地下空间的综合开发解决了技术上的难题。包括突破规范创造车辆段特有的全框支转换结构体系，适用后期上盖开发各种户型的厚板转换体系，节约成本的车辆段上盖减隔震技术，突破车辆段盖板分缝长度限制、减少漏水隐患的技术等。

10.3 "轨道+物业" 开发模式的典型项目

自然资源部总结了各地在推动节约集约用地方面的典型经验，组织相关单位围绕轨道交通地上地下空间综合开发利用，编制形成了《轨道交通地上地下空间综合开发利用节地模式推荐目录》，引导各地提高土地利用效率。其中推荐了北京地铁——五路停车场上盖开发项目、上海市莲花路地铁站综合开发项目、广州万胜广场地上地下空间综合开发项目、深圳市前海综合交通枢纽站城一体化开发项目、杭州市七堡车辆段上盖综合体开发项目、成都市崔家店停车场综合开发项目、深圳市大运枢纽TOD开发项目、深圳市平湖枢纽城市更新项目8个项目开发模式。

10.3.1　北京地铁——五路停车场上盖开发项目

北京地铁10号线二期五路停车场位于海淀区西三环外玉渊潭乡五路居。项目四至：北侧至现状小区，南至玲珑路，西侧至规划五路居东路，东至蓝靛厂南路，规划占地23公顷。

五路停车场综合利用规划方案采取了从地下车站到停车场上盖多层次、多空间的一体化设计，整合了地铁办公区域，节约出了约6.89公顷的落地开发建设用地；覆盖了10号线运用库和咽喉区，在其上部8.5米高度又创造出了9.45公顷的上盖开发区，总开发规模约33万平方米（图10-13）。

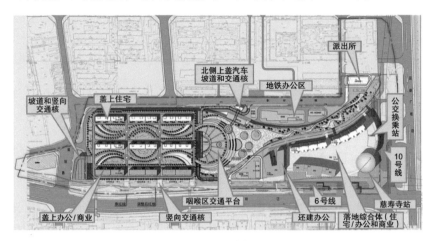

图10-13 五路停车场综合利用规划总图

盖上9栋建筑，其中南侧一排10层为非住宅性建筑，中间一排为10层住宅，北侧一排为6层住宅。一级开发将施工至隔震垫下部，由于限高及隔震垫上部建筑采用剪力墙结构，且基础部分已经实施，因此建筑及管道夹层层数、管井、交通核、高度、位置、结构形式及荷载不能改变（图10-14）。

图10-14 五路停车场综合开发效果图

小汽车库位于地铁运用库上层，面积约53809平方米，住宅机动车停车288辆（0.5辆/户），非住宅停车228（65辆/万平方米），总停车位中包含17辆无障碍车位。东南、西南各设一处自行车停车库，车库将随运用库同期建设，库内建筑布局不能改变。

与慈寿寺地铁站进行紧密结合，预留4个出入口需与开发部分合建，与开发建设一同完成。车站地下一层南段为地下商业功能，侧墙预留有6处可与开发部分相连的开洞条件。

（1）规划设计理念

遵循"公共交通导向（TOD）原则、一地两用、提升城市公共环境"规划理念，在满足轨道交通车辆基地工艺和运营安全的前提下，编制综合利用规划方案和市政基础设施规划，根据规划管理部门批准规划设计条件有关荷载要求，依托轨道交通工程建设程序，利用车辆段上部空间进行综合开发建设。

（2）具体做法

采取从地下车站到停车场上盖多层次、多空间的一体化设计。综合利用部分建筑的首层为车辆段的运用库房，层高9米；二层为住宅配套使用的小汽车库和住宅配套设备用房，层高4.5米；小汽车库顶板上部为平均深度1.5米的覆土；盖上为9栋住宅。咽喉区层高6米，上部预留1.5米覆土，并综合景观设计打造约3万平方米的绿色公共活动空间。落地区紧邻地铁车站，其地下空间与地铁站厅层、公交首末站无缝接驳。

项目共设置三处上下汽车坡道和五处垂直交通核心筒，满足交通需求。

10.3.2 上海市莲花路地铁站综合开发项目

上海市轨道交通1号线莲花路站已运营超过20年。随着乘客数量大幅提升，现有站台存在建筑功能缺失、无法站内换乘、建筑老化等问题，已经不能满足运营需求。为缓解区域交通压力，上海地铁资产投资管理有限公司在取得该站点综合开发项目用地的土地使用权后，对莲花路地铁站开展复合利用改造工作。项目占地17617平方米，其中包括4000平方米地铁站房及附属设施，规划用地性质为商业、交通枢纽综合用地。目前现场已施工，项目已竣工。

（1）规划设计理念

加强规划统筹和区域研究评估，体现公共交通导向（TOD）模式，以场站用地为基础，适当扩大规划编制范围。在轨道交通网络规划编制中同步研究各场站综合开发的总体要求，在轨道交通专项规划编制中同步研究各场站综合开发的规划控制要求。

（2）具体做法

在改造过程中，确保公共效益不影响，做到建设中地铁和公交在改造期全程不停运，并在建成后实现站内可换乘。将原地面二层侧式站台、展厅拆除，在本次供地范围的基础上，结合供地周边的原地铁站房、13条公交首末站、社区配套用房和商业，建设综合性轨道交通上盖物业等业态共计建筑面积约50000平方米，供地范围与周边保留轨道交通用地的综合容积率达到2.84。另外，在站台广场地下建设地下停车库约8620平方米，拟设置约258个停车位，实现地表地上复合利用。

10.3.3 广州万胜广场地上地下空间综合开发项目

广州万胜广场位于广州地铁4号线和8号线换乘的万胜围站上盖。项目占地面积4.1万平方米，总建筑面积32万平方米（其中商业4.6万平方米，办公17.7万平方米，线网指挥中心6万平方米，停车位1240个），定位为集地铁指挥中心、商业中心、商务办公、公交站场为一体的地铁上盖综合物业。

（1）规划设计理念

创新"出让＋配建"模式。在地块出让时，通过设置条件，使得万胜广场从地块最初选址到后期开发，全程由广州地铁集团有限公司（以下简称广州地铁公司）担任开发主体。在建设地铁指挥中心时，广州地铁公司统筹规划物业开发与地铁功能，对地块进行整合开发，实现同步规划、同步开发、同步实施和一体化设计。

（2）具体做法

广州地铁公司对项目主体工程采用BT（政府利用非政府资金来建设某些基础设施项目）融资建设模式，通过公开招标的形式，选取在地铁建设中具备雄厚实力的建筑施工单位进行建设，全面保障项目实施。同时，将一部分资金风险转移到施工单位，减轻地铁公司资金压力。

10.3.4 深圳市前海综合交通枢纽站城一体化开发项目

深圳市前海综合交通枢纽及上盖项目由地下枢纽和上盖物业两部分构成。枢纽部分由地下五条轨道线路（已运营地铁1号、5号、11号地铁线，规划穗莞深城际线及深港西部快线）及口岸和公交、出租、旅游大巴等交通接驳场站构成。总用地面积约20公顷。前海综合交通枢纽由政府投资，深圳市地铁集团有限公司建设。项目分为近期和远期两部分实施。近期建设用地面积116693平方米，主要包括地下的地铁1号、5号、11号线车站改造工程，地下交通换乘大厅和社会车辆停车场，地面公交场站、出租车场站及集散广场以及五条市政道路。远期建设用地面积99092平方米，主要包括地下的穗莞深城际线及港深西部快轨车站，地面旅游大巴场站、出入境口岸及集散广场、出租车场站、商业开发和T9塔楼等。目前地铁1号、5号、11号线前海湾站已经开通，穗莞深城际线预计年内将开工，港深西部快线正在规划中（图10-15~图10-17）。

图10-15　前海综合交通枢纽站城一体化开发剖面图

图10-16　前海综合交通枢纽站城一体化开发效果图

图10-17　前海综合交通枢纽站城一体化开发效果图

（1）规划设计理念

项目充分体现"站城一体化开发"和构建国际化CBD的规划设计理念。轨道、交通接驳设施、上盖物业与周边街坊进行一体、复合、多功能、高效集约的规划设计，配合枢纽建设，实现车站与周边街区开发相结合的"站城一体化"开发建设，充分发挥枢纽的触媒效应和集聚效应，构建以公共交通为导向的国际化CBD新城区。

（2）具体做法

枢纽建筑地下六层，其中上面三层为轨道及交通换乘区，下三层为地下车库，设4900多个停车位。枢纽将设置深港过境口岸及公交、出租、社会车辆、旅游巴士等交通接驳场站，通过地下可直接连通市政道路的周边建筑，实现站城无缝对接。上盖开发部分定位为集枢纽立体商业、甲级办公、国际星级酒店及服务式公寓、商务公寓于一体的超级枢纽城市综合体，包括9栋超高层塔楼（含裙楼）、地铁11号线上盖独栋商业、远期枢纽上盖商业等。总建筑面积预估约215.9万平方米，其中枢纽地下空间建筑面积88.1万平方米，上盖物业建筑面积约127.8万平方米。人行交通方面，枢纽内部构建以地下一、二层换乘大厅为核心的四条主要人行通道，串联轨道车站、公交场站、出租车场站及上盖物业，实现内部的高效换乘；同时，通过地下、地面和二层人行系统与周边建筑或地块连接。车行交通方面，枢纽交通通过外围主、次干路及地下道路组织进出交通，物业交通通过内部支路解决进出交通，二者相对分离，实现枢纽与上盖物业车辆的有效集散。

10.3.5 杭州市七堡车辆段上盖综合体开发项目

杭州市七堡车辆段上盖综合体项目由杭州地铁1号线和4号线车辆运营库、检修库、综合维修大楼、控制中心等地铁功能建筑和住宅、商业、写字楼、学校、公园等开发建筑组成，总建筑103万平方米。

（1）规划设计理念

践行"轨道交通地上地下空间综合开发利用"的理念，在满足综合维修大楼，控制中心等建筑布置的情况下，对列车停放区、检修库等区域的土地进行分层利用。以《杭州市地下空间开发利用专项规划（2012—2020年）》为基础，突出地铁的引领作用，利用地铁线网建设带动城市地下空间开发利用，通过"线"（地铁网线），将"点与面"（地下空间、副中心、重点片区）进行有效连通，形成地下空间网络。

（2）具体做法

采用"高起点规划、高强度开发、高标准建设"。通过复合利用土地，分层设立土地使用权，建设了9米和13.5米两层板。其中落地区0米以下为地铁车站、地下公共过街通道和停车泊位等居住配套；上盖区0米到9米板之间为地铁功能区，设置了车辆运营、检修库；9米板至13.5米板之间设置有公共停车位，同时也为13.5米板以上的开发建筑设置了停车位；13.5米以上为绿化、教育、居住等多种用途。

10.3.6　成都市崔家店停车场综合开发项目

成都市崔家店停车场综合开发项目地下为双层地铁停车场设施，用地面积约130.06亩，地上为综合开发项目，用地面积约236.9亩，可修建二类住宅、商业服务业设施、地铁线网控制中心、公园绿地及道路。项目用地通过协议出让方式整体供地给成都轨道交通集团有限公司，地铁停车场已于2017年建成并投入使用，住宅及商业仍在建设中。项目所在区域为成都市老城区，以老旧建筑为主，配套等级较低，土地资源稀缺。

崔家店停车场综合开发项目是成都市第一宗地铁车辆基地综合开发用地项目，涉及地下空间使用权、地面市政道路、公园、住宅、商业等多种用地类型，在供地方式、供地范围、供地价格、规划手续、权属登记等各个环节均有不同创新，实现项目整体规划、整体供地、分层登记，建立了在同一宗土地上划拨与出让方式相结合，地上与地下项目相结合，经营性用地与市政设施用地相结合的轨道交通上盖综合开发项目协议出让整体供地新模式。

10.3.7　深圳市大运枢纽TOD开发项目

深圳市大运枢纽TOD开发项目位于深圳市龙岗区大运新城南部片区，龙岗大道以西，龙飞大道两侧，为深圳地铁3号、14号、16号和33号线四条轨道线路的换乘枢纽。大运换乘枢纽站为深圳市东部中心唯一一个集城际、快线、普线于一体的核心门户枢纽，其中地铁3号线已于2011年投入运营，地铁14号、16号线为在建地铁线路，地铁33号线为地下城际线路。45分钟可达机场及罗湖中心区。项目总用地面积约4.9公顷，项目用地功能规划为商业服务业用地+二类居住用地，项目总开发量约50.02万平方米，其中住宅13.1万平方米，办公15.35万平方米，商业9.05万平方米。

在土地价值提升方面，按四大策略提升枢纽及周边地区土地价值。一是，缝合现状割裂的城市空间，整合既有分散独立功能资源（如大学城、阿波罗等），以商业、商务、创新研发功能混合，形成创意展示、展览、研发、孵化等片区功能互动；二是，提高核心区总体开发量：由126万平方米提高至250万平方米，打造以高科技产业为载体的人性化高效复合中心；三是，强化功能场所复合度，将枢纽500米周边商务、商业功能比例由12%提升至50%，激发枢纽区域活力；四是，土地资源碎片整理，调整建设用地及功能布局，下活大运枢纽"一盘棋"。调整城市总体规划18.4公顷绿地、18.3公顷发展备用地、4.2公顷可建设用地为新型产业用地、商业用地及道路，满足大运枢纽未来的开发业态需求。

在交通组织方面，构建以"公共交通为主导"的"外快内慢"交通系统结构，将过境交通引流至核心区外围，谋划更适宜枢纽区域的交通体系；结合机荷高速改扩建的契机，优化荷坳立交，简化横岗至龙华、罗湖方向匝道，保留并优化调整3条匝道，释放用地10.8万平方米；调整爱联立交为灯控平交，便捷周边用地进出交通组织，改善慢行尺度空间，缝合城市空间，释放5万平方米，改善区域用地开发与周边的衔接条件；龙岗大道在枢纽核心区段（约780米）局部下沉疏解过境交通功能（对标上海外滩延安路），释放地面空间，提升交通效率；针对核心区内部，将进一步优化完善内部路网，形成尺度宜人的街道环境。

大运新城是深圳17个重点建设区域之一，在深圳"东进战略"中，大运新城将打造成为深圳东部中心核心区和"城市新客厅"。根据《"东部中心"规划及大运新城综合发展规划》，未来大运新城将形成"一核两轴六片区"的功能结构，作为属地街道的龙城街道，将重点塑造以大运新城为核心的大学城片区。大运枢纽在全市轨网地位举足轻重，成为带动东部城市、产业发展的强中心，未来发展职能将融合科技创新、金融商务、文体娱乐、绿色生态等多方面内容，打造更多元、更活力、更生态、更人性化、更高质量的城市发展模式。

大运枢纽综合开发项目作为龙岗中心城片区第一个轨道交通上盖物业，项目的建设有利于发挥区域环境、交通优势，为片区提供住宅、商业及办公配套。项目位于龙岗区大运站西侧，坐落于四线交会的交通枢纽，快速路和主干道贯穿，4线地铁通行，建筑面积约51.86万平方米，充分利用地铁与周边地块的融合要求，打造集居住、商业、商务等于一体的、多功能宜人开放的城市综合体。一直积极响应和践行国家高质量发展要求，从产品设计开始就精益求精，项目设计单位通过全球设计竞赛招标引入，根据规划要求建设为高水平、高质量的标志性建筑，在造型、设计和功能等方面形成龙岗新地标。深铁置业坚持"经营地铁、服务城市"，创新"轨道+物业"模式，践行TOD发展理念，推进"站城一体化"开发，推动城市出行、生活、购物、休闲无缝对接，提高人民生活的便利性和交通的人性化，为深圳的空间创新利用和城市高效管理贡献"深铁智慧"（图10-18～图10-24）。

图10-18　大运核心门户枢纽站示意图

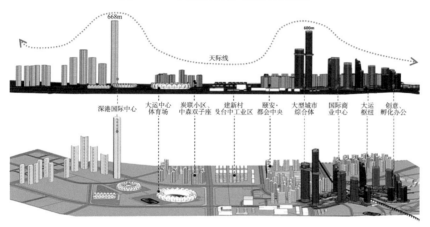

图10-19　大运枢纽片区开发量分析图

图10-20　大运枢纽TOD多维联接示意效果图

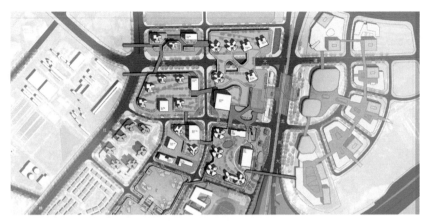

图10-21 大运枢纽TOD规划设计效果图

图10-22 大运枢纽片区统筹示意效果图

图10-23 大运枢纽"站城一体化"城市节点效果示意图

图10-24　大运枢纽"站城一体化"城市节点效果示意图

深铁集团顺应"以公共交通为导向"的TOD开发模式发展趋势，推动产城融合发展，多渠道拓展市场化土地资源，反哺轨道交通建设运营，实现城市轨道交通的可持续发展，彰显了国企在推进公益事业上的担当和作为。服务于全市发展大局，深铁秉承"厚德载运，深铁为民"的企业精神，一贯在社会服务、民生保障上一肩挑。本项目住宅包含50%人才保障房，通过上盖空间开发，可集约利用土地资源，拓展城市空间，实现空间再造，完善城市功能。以TOD发展模式，推进以枢纽为核心的"站城一体化"开发，力争成为全国一流的轨道物业服务商，敢高于行业标准，以品质建未来。使深铁置业成为真正的轨道城市缔造者，助力深圳"先行示范区"建设及大湾区高效高质城市发展。

10.3.8　深圳市平湖枢纽城市更新项目

深圳市平湖枢纽项目是深圳地铁10号线、18号线、广深四线交汇的TOD枢纽项目，项目位于龙岗区平湖街道平龙路与平湖大街交会处西南角，平龙路以南、平湖大道以西、守珍街以北、广九线轨道以东围合处，与平湖枢纽紧密关联。根据专规批复，平湖更新单元用地面积216387.5平方米，拆除范围用地面积202082.9平方米，开发建设用地面积106622.3平方米，其中3000平方米国有未出让的零星用地，按照城市更新办法及实施细则一并出让给项目实施主体。土地贡献率约47.24%，规划设计总建筑面积862230平方米，其中住宅463000平方米，商业、办公及旅馆业建筑336930平方米，公共配套设施（含地下）32830平方米。截至2022年底，已完成拆迁签约33.18万平方米，签约率约95%，大部分原建筑物已经实际完成拆除。2023年10月，本项目已完成更新实施主体确认，项目公司获取土地后进行开发建设（图10-25、图10-26）。

图10-25　平湖枢纽"站城一体化"城市设计效果示意图

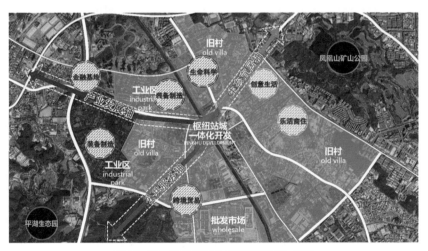

图10-26　平湖枢纽周边现状发展轴分析

《深圳建设交通强国城市范例行动方案（2019—2035年）》指出，"率先推动建设平湖商贸服务型国家物流枢纽，实施平湖南全国集装箱中心站建设项目，加快铁路线路改造和货场功能建设，推进铁路上盖开发综合物流枢纽规划建设，完善集疏运交通配套功能。"该项目与平湖枢纽紧密相连，是典型的TOD项目，市属地铁公司参与该项目合作开发，将有助于统筹实施"站城一体化"设计和开发建设，提高城市空间的利用效率，增强环境友好性，推动城市价值提升，具有重要的政治意义和社会意义。

同时，深圳市土地供应方式中，存量土地的更新和利益统筹等方式日渐成为主流。该项目将是市场化拓展城市更新开发资源的有益探索和尝试，是投资拓展模式的创新。这也符合中长期战略发展规划所提出的"选择性市场化拓展土地（土地整备利益统筹、城市更新等）"发展思路，有助于探索"站城一体化"开发"组局利益相关方和物业经营方成为利益共同体共同开发经营"的实施路径和商业模式。该项目实施过程中，可以探索实践"组局外部合作方共同拟定建设方案和开发时序，构建分工协同的合作机制／模式，明确各合作方价值主张，应合作伙伴投资收益需求和自身价值回流需求设计合理商业模式，清晰界定投资分担／收益分成比例和各方权责"，具有重要的现实和先行示范意义。

深铁集团积极探索统筹推进TOD站城一体综合开发，深度参与平湖更新项目合作开发，既有利于加快平湖枢纽这一重要交通设施的全面落实，也高度契合深铁集团"必须积极参与、力争主导所有枢纽开发建设项目"的发展战略和发展格局。是探索和尝试以市场化方式真正介入城市更新项目的重要举措，将通过市场化投资合作获取更多回报，履行反哺轨道建设运营的重大使命。